U0330689

Innovative Designs in Therapeutic and Wellness Architecture

疗愈康养

新空间设计

周博　侯立萍　郑文霞　赵斌　范晴　郑亚男　著

李国鹏　主审

中国建筑工业出版社

编委会

Preface 前言

后科技时代的建筑

当前，我国正在加速提升现代城市运行能力，为城市运行持续赋能是人居环境建设所面临的考验和紧迫课题。本书从医疗治愈、康养结合、低碳减排等新生活、新空间视角，以案例分析的形式从建筑功能的灵活适用和安全健康视角出发，提供后科技时代医疗康养建筑的低碳化、人性化、综合化的设计思路。

好的建筑设计有助于降低病毒传播的概率。例如，通过建筑设计改变机场安检方式，避免乘客在拥挤中等待。在SOM建筑事务所的机场设计中可以看到，机场增加了安检通道，减少旅客登机时的各种检查站，减少了旅客等待时间，也避免了排队堵塞现象的发生，降低了人与人之间传播的感染风险。这样的设计理念也可以应用在高铁站、办公楼等容易形成人流拥挤的建筑设计中。未来的医院建筑设计必须能应对传染病的突发，必须重新思考医疗机构建筑功能和体系的整体设计。

人类是当今环境的主角。随着现代居住空间设计思维向人文关怀尺度的逐步转变，建筑设计也开始从注重功能和空间形态转变为对人性的尊重，建筑空间设计更加关注空间使用者的行为。适老化设计、无障碍设计、空间色彩搭配、尺度把控等体现了建筑设计的人性化关怀。本书通过案例分析，探究不同类型的建筑空间形态和人文意识的转换，重点关注人居互动的情感表达。通过人与空间不同的认知、情感和互动体验实现有价值的对话，分析在人居互动中如何通过人性化、智能化、模块化等功能满足人的行为需求，最终做出充满情感关怀的设计。

近年来，我国的养老需求、医疗产业、地产形势发生了诸多改变，国外具备符合后疫情时代的新型建筑不断涌现。特别是在提倡碳中和的新时代，对医疗、疗愈、养老等建筑集群的低碳环保新规划和设计提出了更高的要求。低碳设计理念使得建筑与环境的融洽度更高；建筑的碳消耗与排放控制成为建筑设计节能目标。

建筑与人、建筑与环境、建筑与医养等产生了一系列新的需求和新的发展模式。建筑不再是单一的功能庇护场所，而成为以满足多重空间、多功能使用、关注人的行为需求为导向的设计。建筑的疗愈、医养结合、碳减排、人性化关怀的提倡使得人居环境更加符合人们生理、心理乃至更深层次的、富有温度的设计需求。

目录 content

content

关于本书

本书从多视角，依据设计案例特色划分为“疗愈关怀”“疗愈与碳减排”“面向疗愈新生活”“医疗新空间”“医养结合”五个章节。

每一个生命都渴求疗愈。“疗愈关怀”的“疗愈”一词并不是单纯的疾病治疗，而是通过营造一种场所精神，一个有温度、感知和幸福感的疗愈环境，创造一个尊重和关怀的空间，帮助患者以较高的姿态走向身心康复。天津极橙齿科诊所，被消隐的标识系统为患者创造出私密性良好、安全、生态、自然亲切的环境，最终能够通过使用者情绪的传递，促进患者的治疗和康复过程；法夫美琪中心，通过黑三角造型以及三角形窗户设计营造出别样的光环境来吸引疗愈的注意，传达“会呼吸的生命建筑”的设计理念，帮助患者恢复生活的信心，体现建筑的人性化关怀。这一章节中所选建筑不再是单一地满足某种需求的功能性设计，而是通过私密性及安全性设计、绿色生态环境建构、高品质医护配套设施完善、关怀渗透等设计手法，营造一个个以人为本核心的自然、建筑、社会的融合场所。

“疗愈与碳减排”的低碳医疗理念是医疗产业发展新趋势。随着人口老龄化的进一步加剧和社会医疗水平的逐步提升，医疗建筑的碳消费面临可预见的急剧增长。医疗建筑的低碳化和碳减排也越发被关注起来。余兆麒健康生活中心，采光设计100%来自自然光，通风和绿化设计也实现了建筑碳减排，为患者提供了更舒适的医疗环境；西非布基纳法索卫生与社会福利中心项目是第三世界低碳建筑设计的实践性案例。建筑采用当地材料体现地域特色，室内功能布局简单直观，提高了就诊治疗效率。这些作品为探索疗愈空间与低碳结合提供了新思路。

“面向疗愈新生活”是医养体系应对时

代发展的重要一环。这一章节所选择的作品运用了全新的空间概念、热情的公共空间表达，以及更贴近人性本身的温情，为设计师提供了将传统医疗与养老融入新生活的全新思考。诺尔泰利耶市医院太平间，设计中呈现的人情味，使其不再是一个令人抵触的场所，而是作为建筑本身向城市发挥着积极的意义的空间。别出心裁的花园，是和城市空间联系的纽带，建筑内部空间被赋予了新的空间概念与氛围，“富有尊严的告别场所”更像是作为停放逝去之人的建筑责任；分子药局，使得定式的药店类型建筑设计风格表现出对于传统药局布局与装饰的革新，开启创新性的客户体验和新生活需求。

“医疗新空间”试图呈现身体和精神的双重治愈新空间，营造能带给患者希望的场所。在满足医疗需求的前提下，疗愈空间应该以人性化为导向，充满家庭式的关怀，将自然元素与医疗空间重新整合，打造出与以往不同的崭新的空间。尼日尔综合医院，结合周边的场地特色，赋予患者良好的归属感；圣·巴特医院美琪癌症中心，极具人性化，注重外立面带给患者的亲切感，在满足各部分功能及医学救治需求的前提下，让室内充满人情味；扎恩医疗中心，通过运用中庭以及自然花园的方式，将自然元素充满惊喜地展现在空间中，拉近人与自然的距离。

“医养结合”模式是当今建筑设计中的热门话题。该章节中所选取的设计作品，将环境与自然把握得恰到好处；灯光与色彩的调配是“医”中“疗养”的良药；居住单元、护理单元、护理组团间的适老化设计以及医护人员、病患、家属等各人流之间的流线设计确保了此类建筑的专业性呈现。为老年人所营造的建筑及建筑环境不再是千篇一律的养老场所，适老化细部设计中处处体现出对老人无微不至的关怀，处处洋溢着老年人的健康生活。樱花之家，建筑外部造型和内部空间适老化细节设计都很到位，为医养结合条件下的建筑设计开拓了新思路。

Chapter 1 第一章

Healing Care

疗愈关怀

每一个生命，都渴求疗愈

医疗建筑的复杂性在于其不仅是门诊、住院、急诊、科研、教学等功能的复合化载体，同时还需承载“生命、尊严、希望”的普世人文价值观，成为人类最具意义的“避难所”。从18世纪末的阁式医院（pavilion hospital）到19世纪的砌块医院（block hospital），再经“二战”后功能情感之辩，人们对“理想医院”的追求不再是千篇一律的“高效蜂巢”，抑或是一个个黯淡的“火柴盒”，而是洋溢着关怀的善意之所，对医院的追求又回到了“疗愈”的本源，“疗愈”并非简单地治疗疾病，而是通过营造场所精神，构建有温度、有感知、有关怀的疗愈环境，以此创造出的空间兼具敬意与关怀，帮助患者以昂扬的态度走向生理与心理康复。

从天津极橙齿科诊所到法夫美琪中心，再到胡安·卡洛斯国王医

院，“疗愈关怀”的设计理念已经遍及世界，这一类型的医疗建筑不再是单纯满足医技流程和设备需求的功能性设计，而是通过私密性保护、安全性设计、绿色生态环境营造、高品质医护配套设施、家庭关怀渗透等设计手段，力求营造出宜人的自然环境、建筑环境、社会环境。无锡耘林康复医院中家庭化、社会化的空间组织模式，极橙齿科诊所内被消隐的标识系统等，均为患者创造出私密性良好、安全、生态、自然亲切的环境，最终能够通过使用者情绪的传递，促进患者的治疗和康复过程。

“疗愈关怀”不是一句抽象的口号，需要建筑师有针对性地、细化地落实到每一类人群的需求上。目前，“疗愈关怀”已经在医疗建筑设计中得到重视，如何突破单一的表象人性化设计、塑造出真实有益的疗愈环境是值得医疗建筑设计师们深思的问题；并应在此基础上，进一步综合考量患者的客观情况，从关注单一病患，拓展为对相关家庭以及医护人群的关怀，塑造出具有中国特色的“疗愈关怀”环境。

∧ 美琪中心建筑形体 © Chris Gasgoine

Maggie's Center in Fife
会呼吸的生命建筑
——法夫美琪中心

项目名称： 美琪中心
项目地点： 英国法夫
竣工时间： 2006年
设计团队： 扎哈·哈迪德建筑事务所（Zaha Hadid Architects）
模型摄影： 大卫 · 格兰多吉（David Grandorge）
建筑摄影： 克里斯·盖斯戈因（Chris Gasgoine）

项目概述

英国法夫美琪中心是维多利亚医院辖区内独立运营的一座医疗中心，主要作用是为癌症患者提供医疗资源支持。建筑地处陡峭山坡，周边自然分布的植被为中心提供了独特的天然屏障。单层的体量为自然景观和医院这两种不同类型环境之间提供了转换，也为周边森林景致的延展创造了条件。

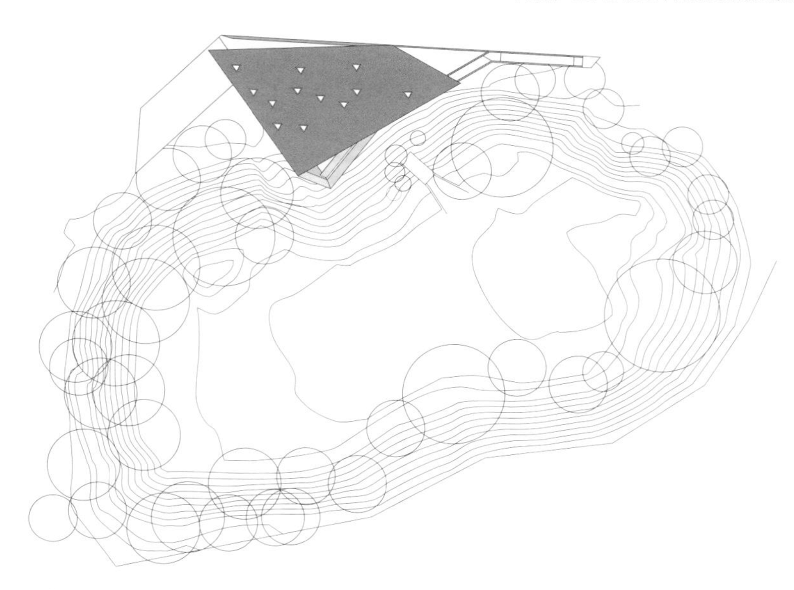

∧ 总平面图 © Zaha Hadid Architects

∧ 美琪中心内景1 © Chris Gasgoine

∧ 折线形态的法夫美琪中心为访客营造了不同于传统医院建筑的流动性空间 © Chris Gasgoine

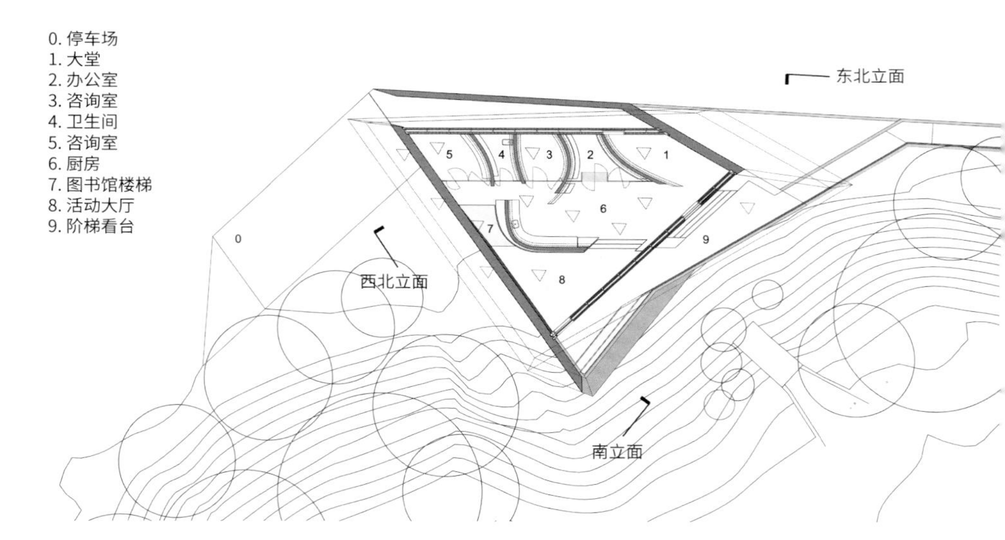

∧ 平面图 © Zaha Hadid Architects

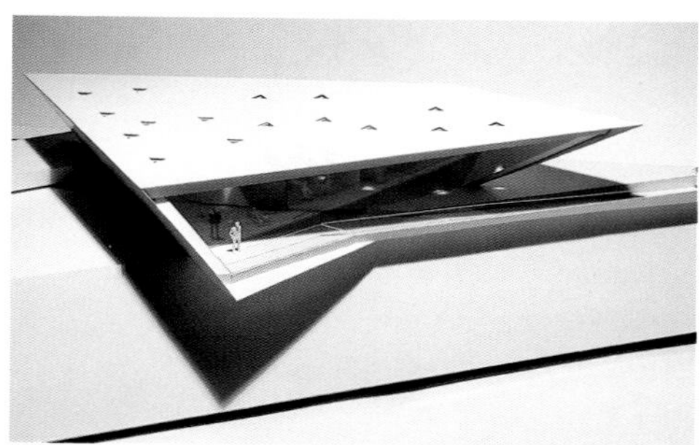

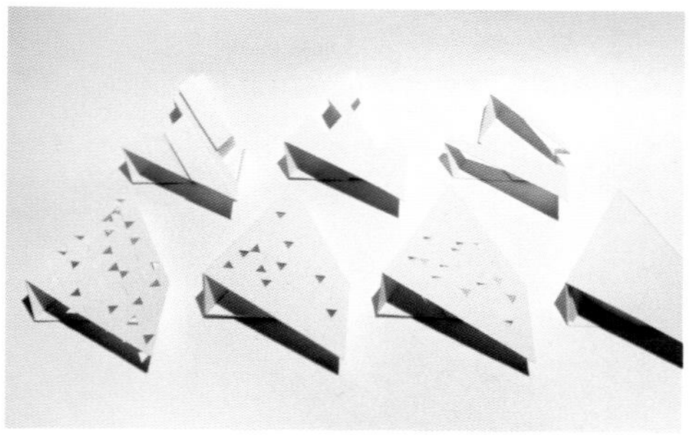

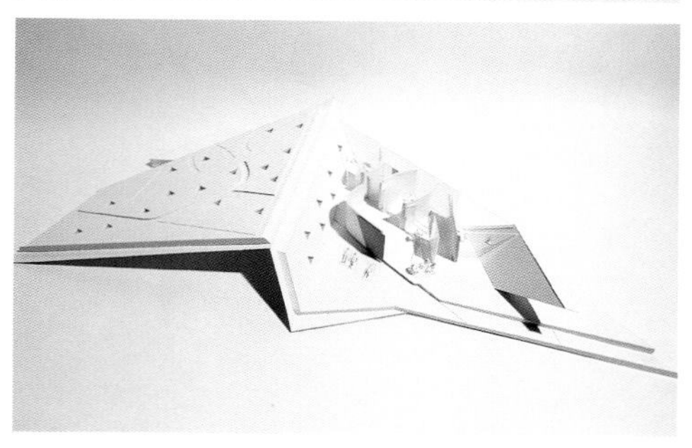

∧ 模型演绎图解 © Zaha Hadid Architects

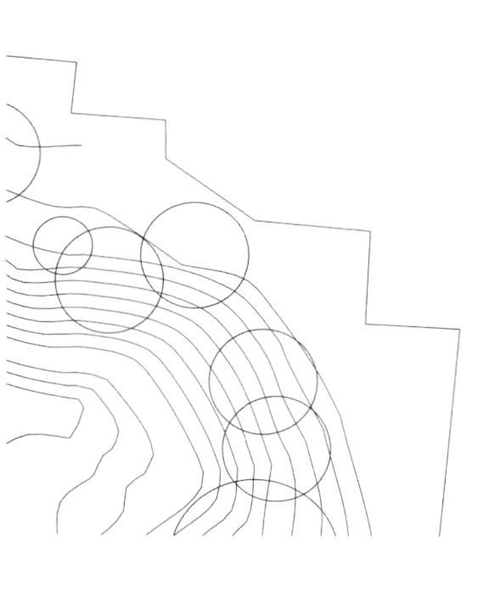

局部介绍

（1）设计理念

法夫美琪中心是扎哈·哈迪德在英国设计的第一座永久性建筑，奇特的黑三角形体和三角形窗户不仅为室内创造了别样的光环境，同时吸引访客注意，传达“会呼吸的生命建筑”的设计理念，帮助患者恢复生活的信心。

（2）体量演绎

建筑黑色屋顶悬挑后向外延伸，配合高举的基座，将建筑与景观锚固在一起，屋顶不仅将北侧主出入口包裹，也为南侧玻璃幕墙提供遮阳的效果，玻璃幕墙前方的露台可以观赏整个山谷景观。

建筑外立面覆黑色涂层材料，配合不同透明程度的玻璃，赋予建筑光洁纯粹的特征。建筑室内空间同外立面对比强烈，与深色外观不同，室内拥有充足的光线，传递出强烈的空间氛围感。这种室内外的巨大反差如同煤炭里跳动着火苗，同时也隐喻了法夫这一城市的煤炭历史。

（3）建筑与自然

主体建筑基座向东侧延伸最终转化成为一面墙体，墙体北侧为室外停车场，不同于建筑主体以及基座所使用的混凝土材料，停车场使用柏油铺地，不同质感的材料为建筑传达出强烈的空间语言。墙体高度随建筑折线形体量变化，将室外公共空间与室内私密空间分隔的同时，在南端折叠成为建筑室外平台，同南面落地玻璃窗以及悬挑屋顶相配合，使自然山谷成为建筑的延伸，建筑与自然和谐共存。

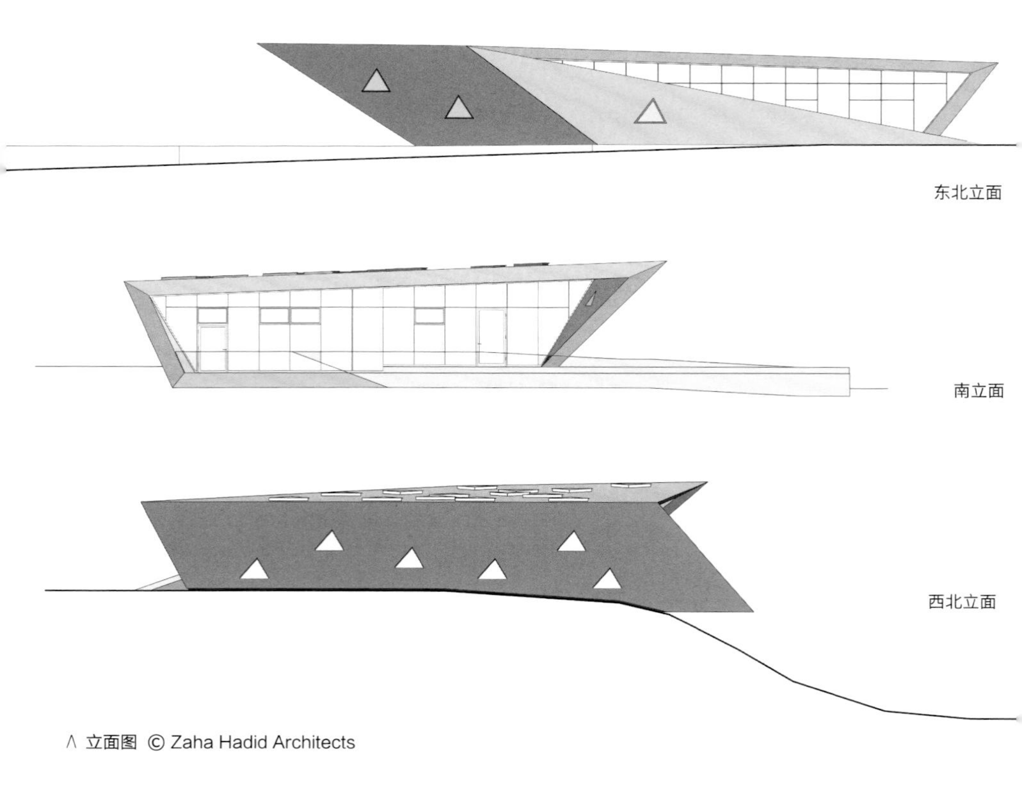

/\ 立面图 © Zaha Hadid Architects

∧ 美琪中心内景2 © Chris Gasgoine

∧ 美琪中心内景3 © Chris Gasgoine

建筑北侧临近入口处设有管理办公室，进入建筑内部后，透过南面玻璃窗可以观赏到山谷的自然景观，跳脱出玻璃和室外平台的折线形屋顶成为室内外空间的联系要素。为保证室内空间的灵活性，中部区域不设固定隔断，而通过一系列百叶和滑动门来实现对空间的灵活划分。

∧ 美琪中心内景个人特征 © Chris Gasgoine

∧ 美琪中心内景，灵活的空间划分体现出强烈的建筑师个人特征 © Chris Gasgoine

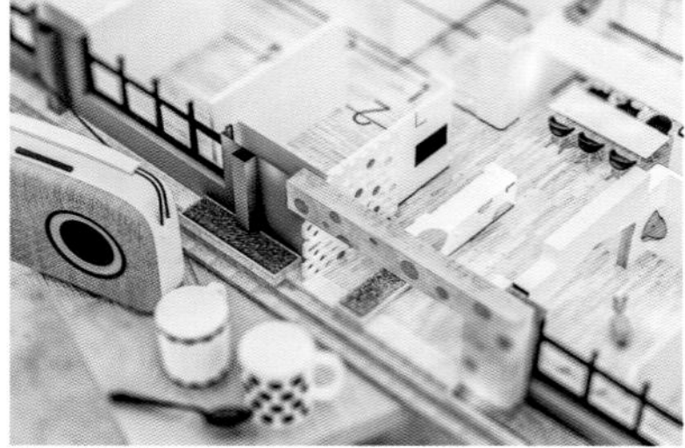

∧ 建筑模型

Tianjin Orange Dental Clinic
一个温暖的诊所设计
——天津极橙齿科诊所

项目名称： 天津极橙齿科诊所
项目地点： 中国天津
建筑面积： 250m²
竣工时间： 2015年
设计团队： 上海睿集艺术设计有限公司（以下简称“睿集设计”）
项目摄影： 边焕民

项目概述

天津极橙齿科诊所是以温暖著称的诊所建筑，它的色彩不同于其貌不扬的外表，生活中本该有的温暖、友善、开放、沟通与包容出现在该空间中。设计为生活增添了温暖、关怀，这也是睿集设计的初衷。

∧ 建筑效果图

∧ 一个友善开放的外立面淡化了医疗空间和患者之间的距离感

∧ 室内明亮、舒展的环境塑造生活的美好

∧ 牙科诊所室内设计基础元素

局部介绍

（1）设计理念

“生病”是一个比较令人遗憾和头疼的词，大众印象里，诊所不是让人放松与开心的地方，牙科诊所也不例外：冰冷的医疗器械，令人焦虑的候诊室，充满不安的就医室……但从服务层面而言，诊所理应是充满希望的场所：难过而来满意而归，它应该是一个温暖的空间与场所。看牙并不是一件轻松的事情，但是睿集设计在建筑中做了一些事，使得建筑里有了一些温暖和人情味。

睿集设计希望在设计上解决医疗空间体验所带来的不适及压抑感，让整个空间呈现出一个不同以往的氛围，通过不同的设计表现来传递医疗空间需要表达的信任与希望，以及生活中本该有的温暖、友善、开放、沟通与包容。

极橙齿科的品牌logo及IP形象为圆形橙子，所以睿集设计将圆形作为基础设计元素贯穿于整个设计之中，偏暖色的木质材料在视觉体验上传达温暖的质感信息。整个空间布局由入口区、儿童区、候诊区及就诊区四个空间模块构成，每一个空间模块在空间中的作用除了基本的功能之外都有相应的人情化设计，这四个空间模块组成了该齿科品牌空间的因子，让冷漠的医疗功能空间转化成与人相关的传递温暖与关怀的生活终端。

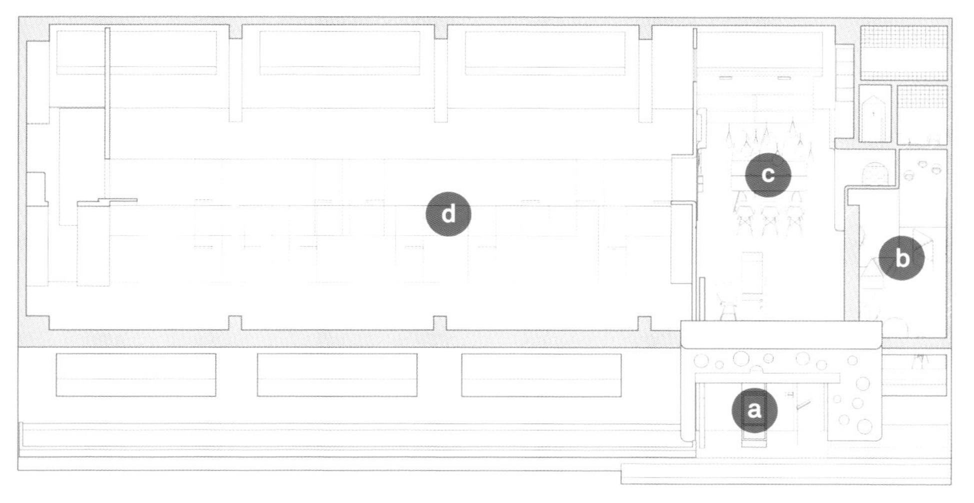

∧ 牙科诊所平面图

∧ 从前台开始，就是一个友好的空间，一个温暖的诊室

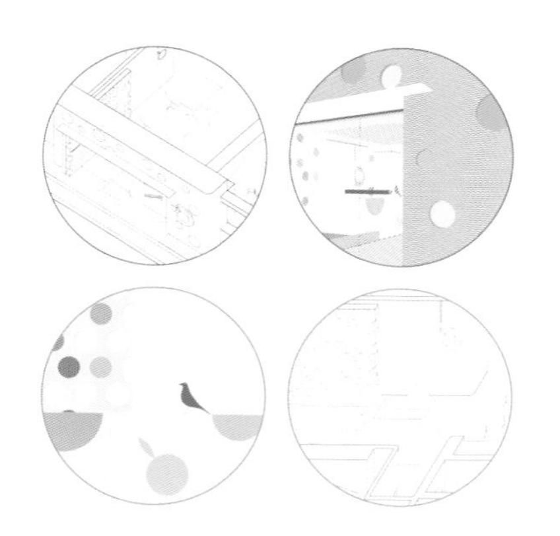

∧ 入口区平面规划

（2）入口区

极橙齿科诊所坐落于创意园区之内。从环境行为角度分析，看病是有目的行为，几乎没有随机性的顾客，患者均是在了解诊所之后才选择就医。专业化的行业属性使得该空间并不需要为了招揽顾客而使用醒目的招牌。睿集设计在设计上弱化了室内室外的界限，在外立面上通过植物将室内外的空间关联，同时尽可能地精简logo在墙上的尺度，以达到不过分传递商业气氛的目的。圆形元素由外立面延伸到室内空间，并应用趣味性的材质表达，营造温暖的空间氛围。

∧ 空间中的另一个空间

∧ 几何的世界

∧ 一块可以涂鸦的黑板。能关注到儿童的诊所在某种程度上传递的是关爱与责任感

∧ 儿童活动空间内景

∧ 儿童区平面规划

（3）儿童区

在空间中建立彼此的信任是建筑设计的一个重点。成人的世界充满套路与不安，过分的修饰反而传递出不友好的距离感，所以设计师在入口空间规划了儿童活动体验区，对孩子的关爱也是对成人的一种关怀，空间永远不是孤立存在，人的行为在空间中所产生的情绪和角色的需求就是建筑所探寻的内容。

∧ 一个像家的空间

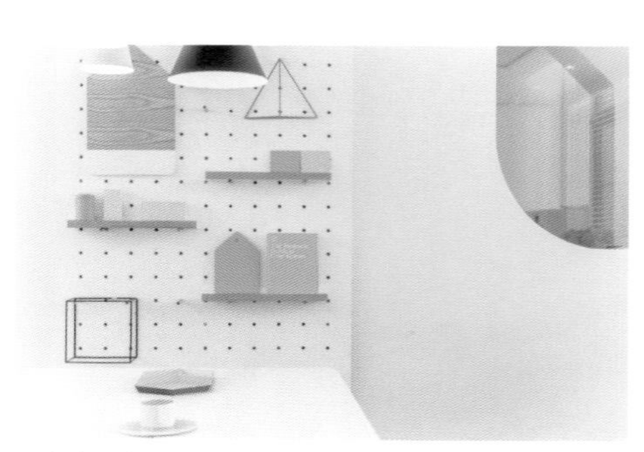

∧ 候诊区生活场景

∧ 一个像餐厅的候诊区

∧ 候诊区生活场景化的设计进一步传递了设计师关于温暖、关怀的理念，绿植增添室内生机感与活力氛围

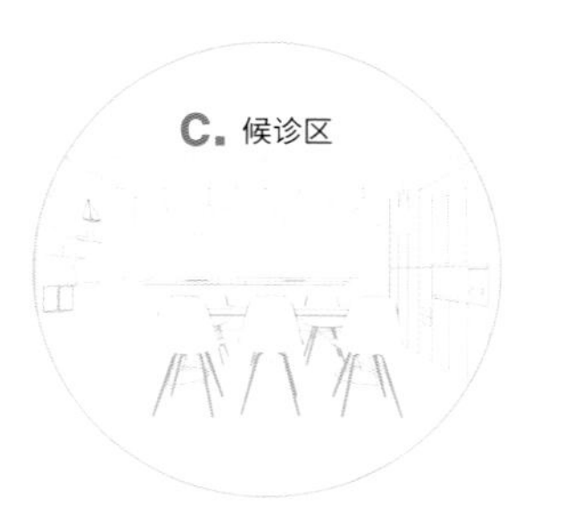

∧ 候诊区平面规划

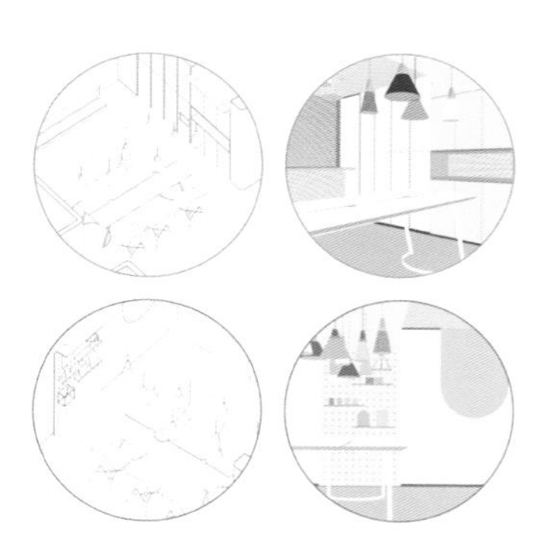

（4）候诊区

与传统医院的平行座次候诊方式不同，设计师将候诊区打造成一个类似餐厅的形式，患者像在自家餐厅一样面对面而坐：或者沟通，或者安静等待，在等待的时间里体验不同于传统候诊空间的气质。候诊区的左手边橙色透明区域为医院的中央供给室，所有的医疗器械都在这里集中消毒，透明的方式也传递了诊所开放的理念。这虽然不是一个家，但毕竟医院是一个解决麻烦、创造希望的地方，从这一层面上来说与家是一样的。

∧ 候诊区数字标识连接走廊与科室

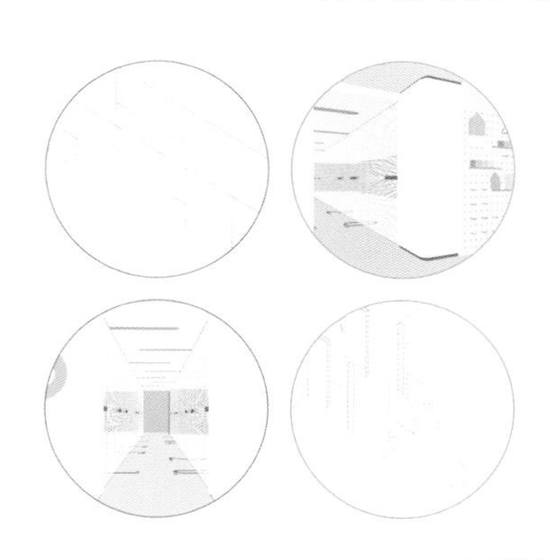

∧ 就诊区平面规划

（5）就诊区

建筑标识的作用是引导与提示，当人们看到诊室走廊上一排排例如脑科、放射科等科室门牌的时候，感受到的往往是不安焦虑甚至恐惧。因此建筑室内将所有标识取消，在走廊的玻璃幕墙上做了阅读尺寸的字体标识，使得诊室不存在空间识别混乱的问题。此外还设置了数字标识连接走廊和科室，人们能看到的就是地面上不同数字标识的不同功能诊室，从而尽可能消除就诊的不安与焦虑。

∧ 耘林生命公寓整体规划图

Interior Design of Wuxi Yunlin Rehabilitation Hospital

用自然与艺术开启疗愈的康复空间

——无锡耘林康复医院室内设计

项目名称： 无锡耘林康复医院

项目地点： 中国无锡

设计面积： 11,500m²

设计团队： 优信工程设计（上海）有限公司

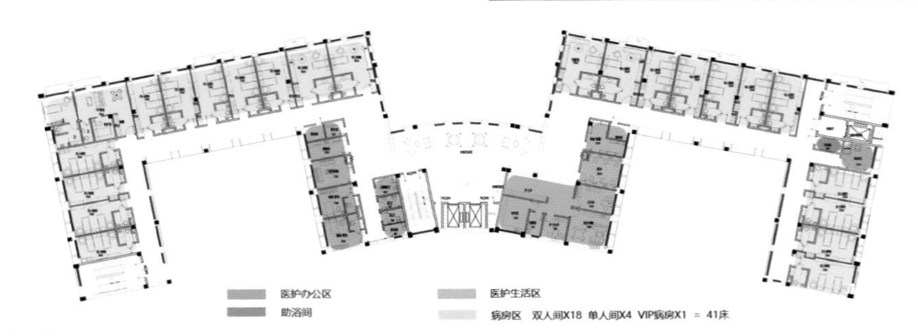

∧ 建筑标准层平面图

项目概述

无锡耘林生命公寓是一个集生活、娱乐、医疗、护理于一体的居家型养老社区。基本业态有养老住宅、老年公寓、护理中心、康复医院、生活休闲娱乐大厅及商业配套设施。

无锡耘林康复医院是耘林生命公寓配套的康复医院，融入荷兰生命公寓的设计理念和去医化的“快乐养老”模式，是一家集医疗康复、预防保健、慢病管理于一体的二级康复医院。医院总建筑面积11,500m²，床位110张。

康复医院以神经康复、骨科康复、老年康复、运动损伤康复、创伤康复、疼痛康复、产后康复、心肺康复、肿瘤康复专科为特色，以社区全科急诊与社区老年人体检为主集中设置的功能布局，整合医院的功能分区。建筑共5层，地下1层，地上4层，以医疗功能为单位划分楼层分区，相关功能集中布置，服务半径合理、利用高效、共享资源。条形平面避免了不必要的流线交叉。

局部介绍

（1）建筑平面功能布局

一层布置门厅、服务休闲中心、门诊急诊、观察室、医技检查室、康复治疗区与医护人员工作生活区。门厅区域结合一站式服务中心以及便民服务和休闲水吧区，南侧设置门诊，以满足康复医院日常门诊功能，并兼顾全科门诊及社区老年人体检需要。候诊区按二次候诊形式展开，空间宽敞、明

∧ 建筑外观效果

∧ 一层大厅

∧ 步入一层大厅，温和舒适的木色硬装作背景、灵动的造型曲线、色彩层次丰富的地面拼花，加之趣味的雕塑与自然元素的装饰，开启对耘林康复医院的第一印象

∧ 离门厅不远处的咖啡吧用十分鲜艳亮丽的颜色营造休闲愉悦的氛围，墙面上的手绘画更体现出有别于医院环境的独有生机

∧ 一层装饰陈列墙不仅增强了室内艺术效果，而且设计了一系列轮椅收纳与方便休息的座椅

亮。观察室为独立单元，与门诊相连。急诊出入口位于西南角，形成独立24小时开放就诊区，便于夜间使用与管理。

在一层西南侧，门诊、急诊、病房楼的交汇处，设置了医技检查室，其中主要包括放射、影像、检验、功能检查等科室，医技检查室连接了门诊与急诊区域，便于患者到达。

康复治疗区独立设置在一层的北翼，设置有中医康复室、高频室、言语治疗室（ST）、认知治疗室、蜡疗室、康复评定室、理疗室以及一间空间宽敞的康复大厅，里面安排了物理（PT）和作业治疗（OT）以及情境模拟训练区、情境模拟训练区、日常生活活动（ADL）情境模拟训练区。

物理治疗包含了步态训练区、力量训练区、平衡训练区、PT康复区。PT康复设施主要有PT训练床、PT椅、电动直立床、手动减重式运动平板、训练用阶梯、网架、理疗器具等；作业治疗以升降桌为主，配合一些道具，训练患者的手指灵敏度。考虑到医患分流的原则，在一层东侧尽端设置医护人员工作生活区，独立成区。

耘林康复医院大楼的二、三、四层共设置了三个护理单元，其中标准护理单元41床，总计床位数110床。围绕中心公共区域设置了患者及家属休息区；靠近电梯及病房的位置设计集成式护士站。两翼为护理单元，其中每层双人间18间，单人间4间，VIP套间1间；污物区位于东南角，洁污分区流线分明，为患者与医护人员提供了优质的护理与活动场所。

（2）建筑整体外观

建筑整体轮廓呈“W”形，形成走廊靠窗的线性布局模式，室内阳光充足。建筑一侧临近湖水，周边绿化丰富，并设有多个屋顶花园。

∧ 康复治疗区

∧ 康复休息大厅以浅木色地板与淡黄色墙面营造温馨氛围，亮色沙发与淡蓝色装饰陈列墙点缀，点光、条形光带与洒下的温柔阳光共同构建舒适的光环境

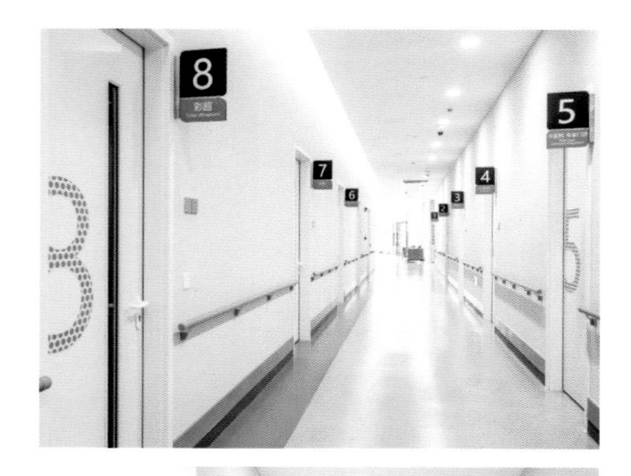

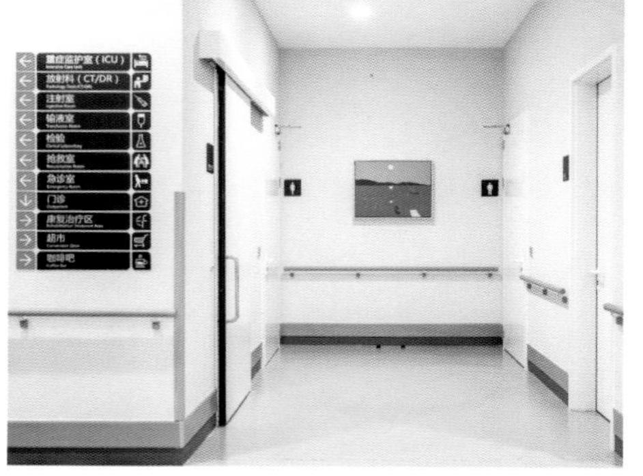

∧ 门诊走廊

（3）室内设计与休闲区域

木色与曲线的造型贯穿整个空间，是所有空间的颜色基调，用丰富的色彩搭配轻松的氛围，帮助患者缓解紧张不安的情绪，感受身心的疗愈。

在大厅入口处、康复训练室的隔壁，设计师设置了一间具有社交属性的咖啡厅。木纹地面、舒适的木质座椅、大面积的玻璃幕墙等使空间氛围开敞明亮、生活化，等候的家属、康复训练的患者、社区的朋友都可以自在惬意地在这个空间里聊天、阅读、休息，弥漫在整个康复医院的咖啡香气为访客、患者营造了轻松温暖的氛围。

康复治疗区的天井在原有建筑设计中并不存在，经过室内设计后，重新打开楼板，设计了采光的天井。康复休息大厅作为患者日常停留时间较多的区域之一，有着舒适的座椅、充足的光线、多彩的装饰搭配阳光与隐约飘来的咖啡香，让患者从病痛中跳脱出来，感受空间带来的美好时刻。

（4）标识系统与集成式护士站

设计师结合不同的空间特点，设计了一套图像化的标识系统，便于患者观察与理解，增加了识别的便捷性。

∧ 门诊走廊与电梯厅醒目的楼层标识

∧ 集成式护士站简洁流动的曲面设计，降低患者磕碰风险，在心理上也营造了柔和的氛围

∧ 共享大厅：在这个空间里，可以感受到自然光线从落地窗户引入室内，温暖的木饰、优质的家具与艺术装饰共同营造舒适与温馨的大家庭氛围

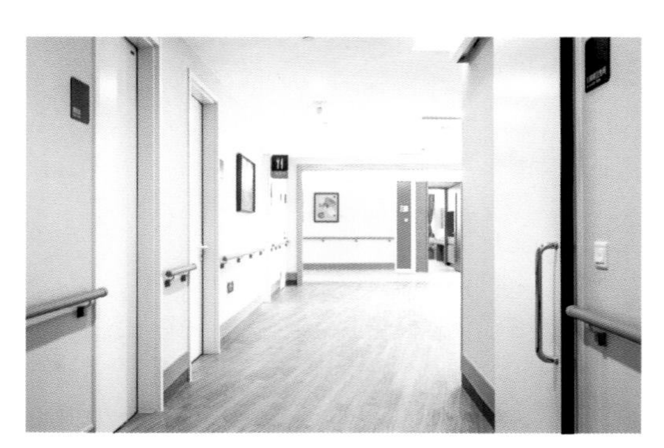

∧ 病房走廊：将病房区走廊颜色与公共大厅地面颜色进行区分，整体颜色更加温暖明亮

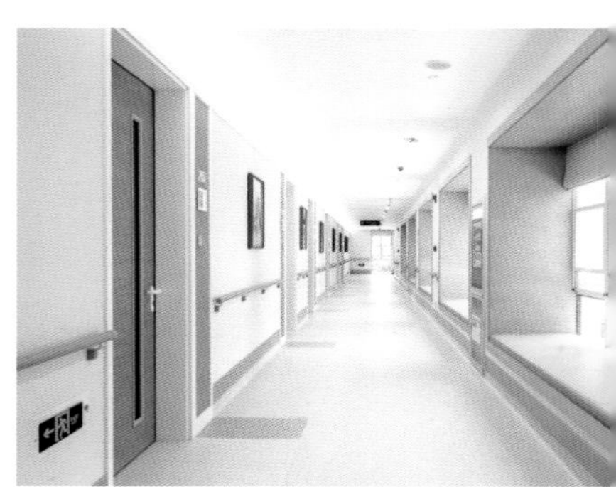

∧ 病房走廊：每个房间前都有供患者休息的休闲座椅，使得患者的活动生活场景不局限于病房内部，而是可以有更多机会与人交流

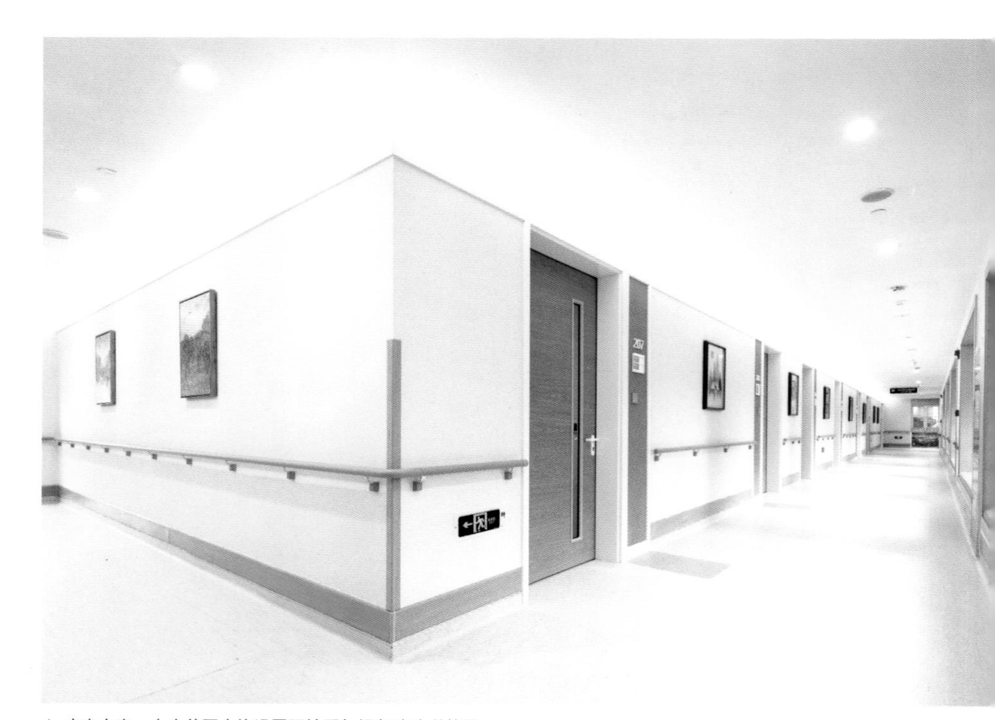

∧ 病房走廊：走廊范围内均设置了扶手与拐角防磕碰装置

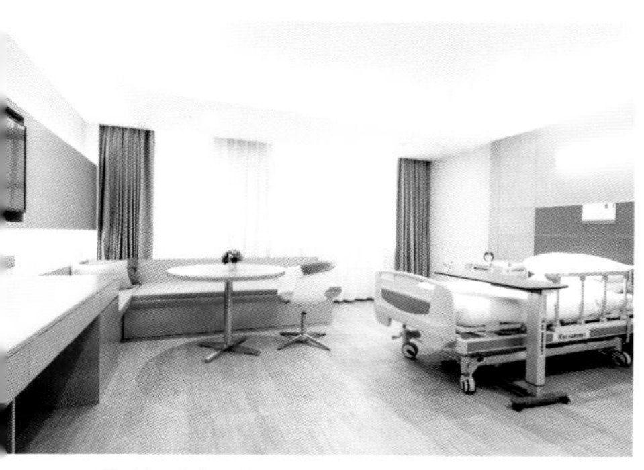

∧ 单人间病房：专业的护理设施与酒店式的装修环境合二为一，舒适的卡座设计提供了更大的休闲空间供患者及家属使用

考虑到正常站立患者及轮椅患者的不同接待要求，二至四层的护士站设计成高低矮台，同时也设计了轮椅收纳、患者休息等候等功能区域，柔和圆角的造型区别于传统护士站的设计，间接照明灯带温暖柔和，也起到位置引导的作用，并且将护士站的称呼改为“服务站”，这种去医院化的称谓，让患者心情更加放松。

邻近护士站的区域是患者交流、娱乐、休息的共享大厅。共享大厅连接了病房走廊，每个病房门边的墙面与地面都设计了不同的色彩，搭配墙面上的艺术装饰，不仅可以增强区域的导向作用，也打破了传统走廊单调的氛围。沿窗的区域设计了卡座，对患者的身心康复有很重要的疗愈效果。

（5）病房空间

病房是患者停留时间最长的空间，完善的无障碍设施显得尤为重要。例如：在卧室入口区域预留了可供轮椅患者的回转空间；衣柜内上部设置挂衣杆，下部设置抽屉和层板，储物功能充分考虑患者取物的便捷性；选用高床头柜，便于患者起身时借力；进门处开关高度1100mm，床头柜开关高度900mm。

病房卫生间设计更强调安全：确保洗漱台下方拥有足够的空间，避免膝盖和脚碰伤；马桶、淋浴房设置扶手；淋浴房设置浴椅；花洒采用恒温水龙头等。

病房空间的色调与使用的材料简洁而雅致，顶棚材料采用石膏板，地面选用木纹聚氯乙烯地板。空间的基础色调继续延续木色，传递温馨的心理感受。光环境设计采用间接照明搭配无眩光直接照明的方式。病房的家具采取布艺卡座、皮质沙发、木头桌几等多种形态，简约的造型与整体环境的氛围相呼应。由此，空间具有感染人情绪的能力，最终呈现的是如同家一般的病房空间。

患者接受的疗愈程度与设计带来的安全感息息相关，无锡耘林康复医院通过简洁、易达的交通导向与流线；地面、走廊、扶手、设施等方面的无障碍设计，给患者足够的安全感，创造出温馨舒适的康复环境。

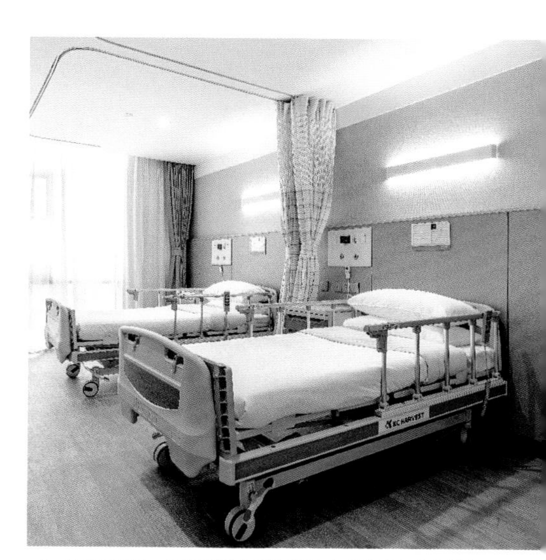

∧ 双人间病房：采用滑轨布艺隔断的方式将休息空间进行分隔，并且有独立控制的床头灯

∧ 走廊墙面上是米黄色的壁纸和分隔壁纸的白色实木线条装饰，素雅简约

New Air Health Management Center
健康管理中心的寂静回归之美

——新空气健康管理中心

项目名称： 新空气健康管理中心

项目地点： 中国新疆乌鲁木齐

建筑面积： 4200m²

设计团队： 叙品空间设计有限公司（以下简称“叙品设计”）

∧ 以沙漠、绿植为主题的四层前厅

∧ 木材质与暖色调共同营造的三层入口大厅

∧ 三层共享厅，室内设计营造出安静舒适的氛围，与传统医疗空间截然不同

项目概述

与传统的医院模式不同，新空气健康管理中心秉持以人为本的设计理念，以关注人体健康为出发点，着力在设计中体现自然与温情，营造轻松舒适的氛围。

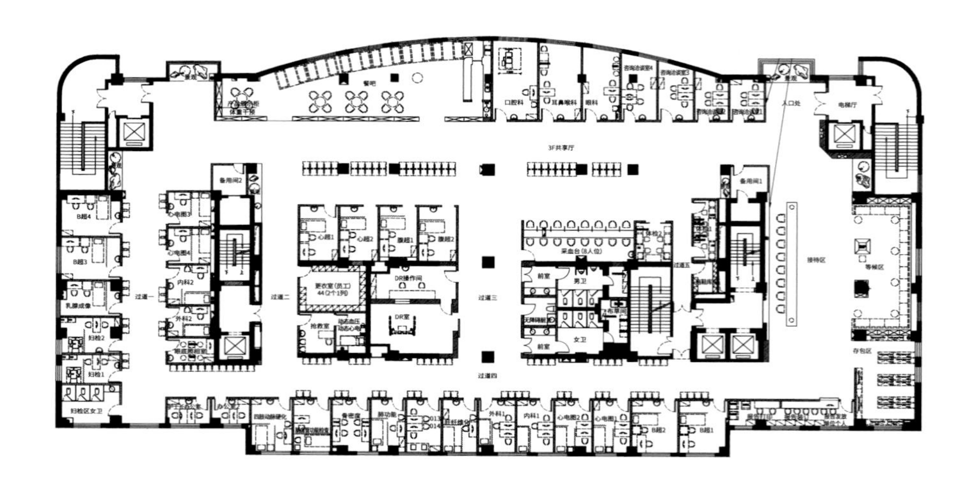

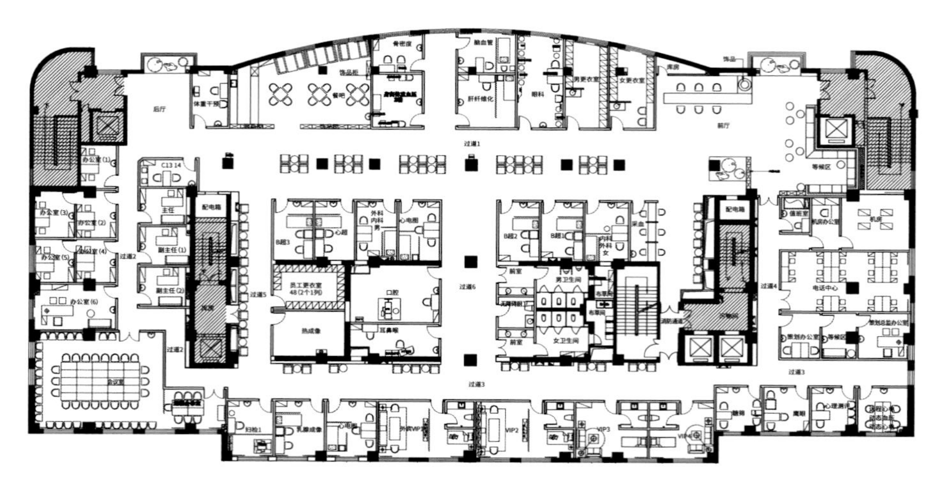

∧ 三、四层平面图

∧ 以草原为主题的三层接待处

∧ 三层等候区延续了简约又柔和的空间氛围

∧ 桌椅及书架的置入为走廊空间提供了承载更多活动的可能性

局部介绍

（1）建筑平面功能布局

新空气健康管理中心占据了一座建筑的三层、四层空间，入口和接待等候处设置在三层一侧，健康检查室大多布置在三层，内部办公室和VIP室则布置在四层，两层均设有餐吧休息区。

（2）室内空间环境

整个室内空间采用了米色系，暖色调与木材质相结合，营造出温馨的氛围，从入口处就开始感受到的亲切感有效弱化了人们对于医院的恐惧心理。

三层和四层的前台接待处分别使用了草原、沙漠等背景元素，搭配走廊内绿植景观，打造了静谧的美感。服务台使用黑色金属框和木头材质，区别于一般大理石前台的冰冷，传达出亲切、质朴之感。黑色的工业感吊灯、金属边框，与空旷的背景板交相呼应，简洁而悦目。

等候区布置了米黄色的沙发和木质桌椅，搭配墙上白色的置物架、金黄色的麦穗以及象征着温暖

∧ 休息、就餐区，粗犷中传达出亲切，简约中透露着温暖

的装饰壁炉，缓解了等候患者的焦虑。

走廊内没有过多的装饰和造型处理，桌子的色彩较为鲜艳，且与走廊内的绿植相呼应。藤编的椅子与米色系的墙面色调一致，白色的置物架上摆放着各种各样的陶罐和书籍，供等候的人在此打发时间。

休息、就餐区延续了整个室内空间的风格，木质的沙发桌椅、质朴的墙面壁纸、白色的置物架，以及挂在墙上的画也是相同的色调，白色与木色相得益彰。

∧ 走廊内藤编的椅子

∧ 休息、就餐区

∧ 贯穿“美化”理念的尖沙咀HKIRC医疗中心内景

HKIRC Medical Centre
美容场所的空间光影
——尖沙咀HKIRC医疗中心

项目名称： 尖沙咀HKIRC医疗中心

项目地点： 中国香港

建筑面积： 1211m²

竣工时间： 2017年

设计团队： 何宗宪，梁德盈

项目摄影： 迪克 · 刘（Dick Liu）

项目概述

尖沙咀HKIRC医疗中心是一家医疗美容诊所，设计师在设计过程中也贯彻了“美化”这一理念，原始的朴素空间通过设计过程得到美化升华，以此呼应HKIRC的品牌理念。建筑以大量实用性设计提升视觉美感受，并充分带动顾客的感官，最终达到了品牌与建筑相辅相成的效果。

∧ 平面图

∧ 充满亲和力的蜂窝状光源1

∧ 充满亲和力的蜂窝状光源2

∧ 治疗室内景1

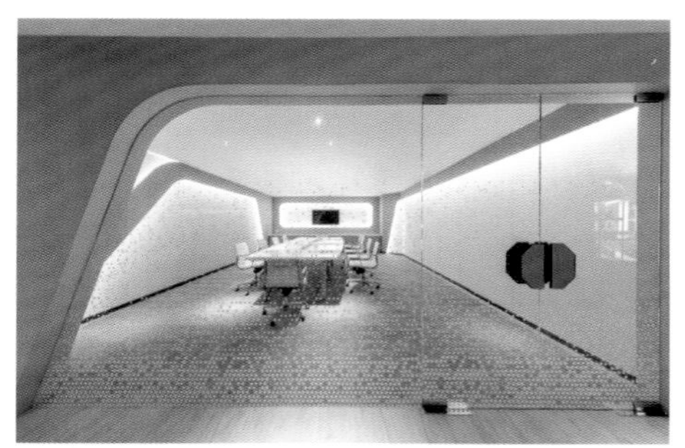

∧ 流线型空间营造

局部介绍

（1）设计理念

医疗中心设计的灵感来源于自然，建筑主入口处选取天然木材并配合暖光照明，营造出温暖、友好的空间氛围，摈弃了传统医疗建筑给人带来的冰冷感受。人流经非线性空间引导至开放式接待处，大面积玻璃幕墙不仅创造了健康明亮的室内空间，同时弱化了室内外的界线，达到减轻访者的心理压力、舒缓情绪的作用。

（2）光环境设计

在环境设计中，光线设计以及照明设计是十分重要的环节，通过光环境的营造可以充分发挥材料

∧ 充满亲和力的蜂窝状光源3

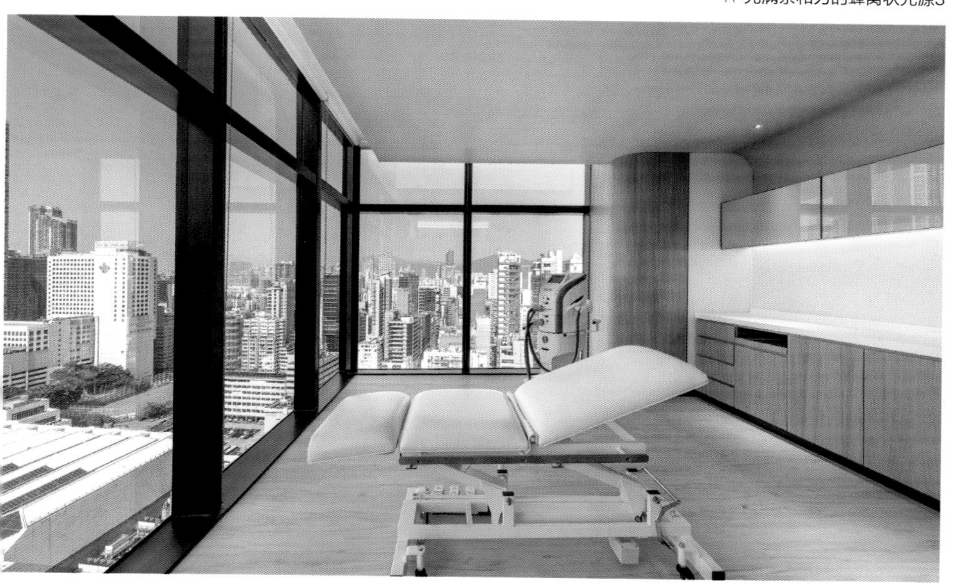

∧ 治疗室内景2

∧ 室内流动性空间

∧ 明亮的色彩设计1

的质感和空间的氛围。而就诊疗空间而言，对光线则更为讲究：光度、色温等因素均有可能影响治疗的流程。因此在尖沙咀HKIRC医疗中心的设计中，公共空间、节点空间应尽可能引入自然光，配合适宜色温和舒适度的人工照明，使整个空间呈现出更为自然的柔和度。建筑室内大量运用了六边形母题，顶棚及墙身的蜂窝状灯箱充分体现出大自然的亲和力，与“叶隙流光”蕴含希望的韵文化有异曲同工之妙。

不同的色彩可以呈现不同的信息，并以此影响我们的感知。建筑治疗室内以纯净的白色配合木作特殊的色泽与纹理，起到提升整体环境舒适度、安抚患者情绪的作用，收获了积极的视觉感受。

（3）空间营造

医疗建筑空间是疗愈环境和医疗流程相结合的结果，但这往往忽略了患者心理感受，因为在诊疗的过程中，除了物理方面的要求之外，对患者情绪上的抚慰也是十分重要的一项。尖沙咀HKIRC医疗中心在室内强化了流动性空间的效果，空间轮廓舒适宜人，以材质和色彩的转换塑造出循序渐进的氛围体验，开辟由内至外的再生医疗体验，展现了“再生”隽永的美丽与幸福。

∧ 明亮的色彩设计2

∧ 室内通透空间

∧ 建筑以皇冠与基座造形将两个功能空间串联在一起

King Juan Carlos Hospital
桂冠下的人性关怀
——胡安·卡洛斯国王医院

项目名称： 胡安·卡洛斯国王医院
项目地点： 西班牙马德里
建筑面积： 94,705m²
竣工时间： 2013年
设计团队： 拉斐尔·德拉·霍斯建筑师事务所（Rafae De La-Hoz Arquitectos）
项目摄影： 阿方索·基罗加（Alfonso Quiroga）

项目概述

胡安·卡洛斯国王医院设计打破了人们的先入为主的观念，其专注于如何满足医疗基础设施用户，即患者的需求。从远处看，马德里的胡安·卡洛斯国王医院并不像一座普通的医院综合体，进入建筑，室内空间给人的直观感受则更像是酒店或会议厅。

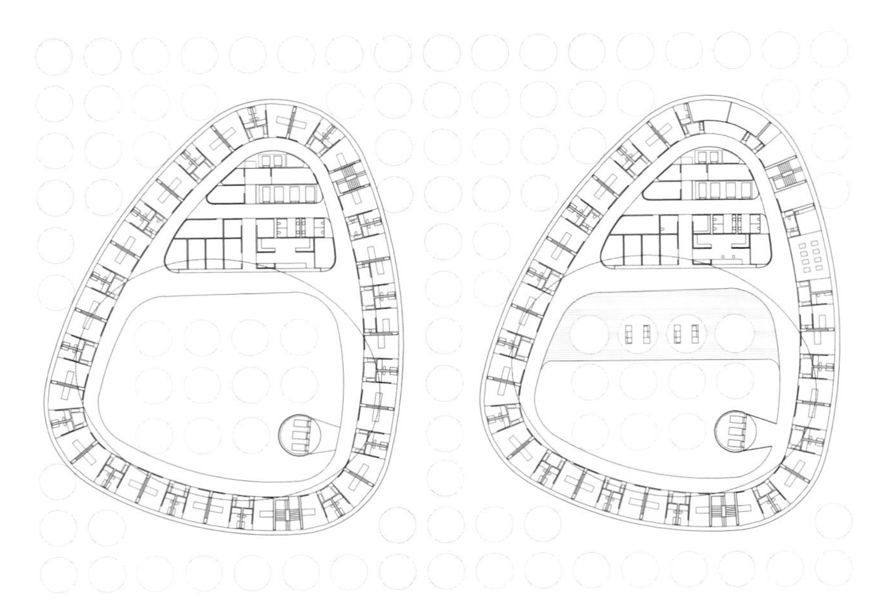

∧ 标准层平面图

∧ 精密设计的建筑表皮局部

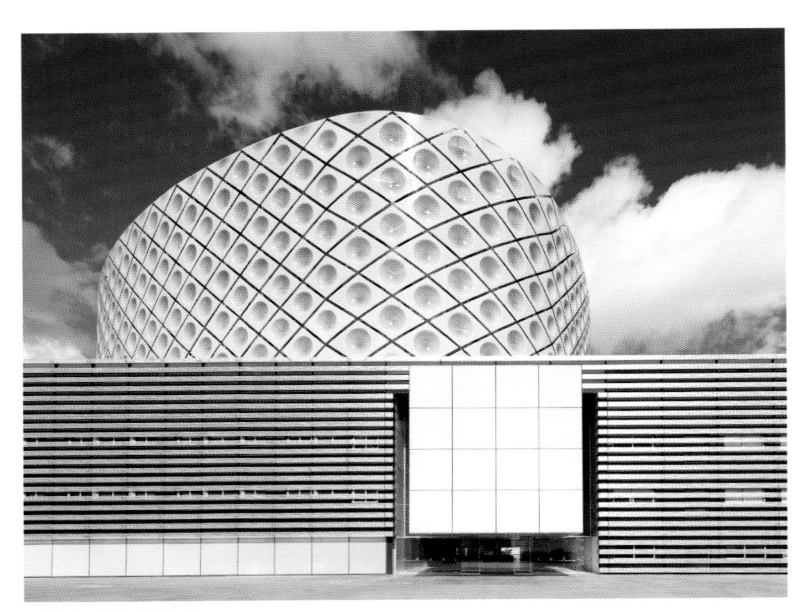

∧ 精密设计的建筑表皮

∧ 与传统医院大相径庭的公共空间

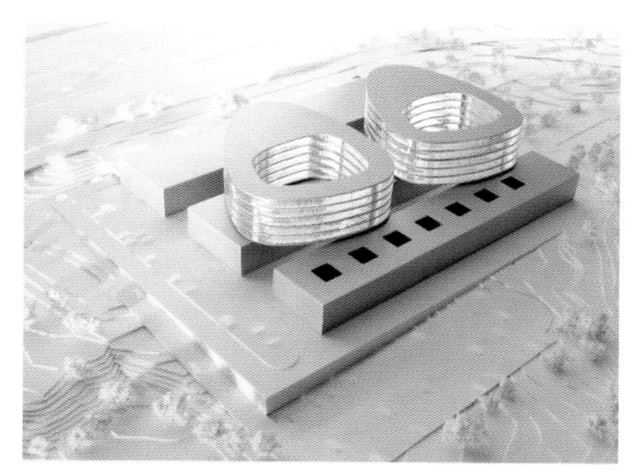

∧ 两个椭圆皇冠状流线型体量

局部介绍

（1）设计理念

胡安·卡洛斯国王医院围绕患者的需求而设计，建筑以三个基本要素展开：高效、轻便和安静，形成了一座结合医院和住宅楼优点的新型建筑。建筑主体由三个平行的体量构成，矩阵式结构具备灵活、易扩张、功能清晰和水平循环的特点。这一设计全方位逆转了我们习惯的初级保健、诊断和治疗的传统医院理念。让患者站在他们真正的位置，即使用者的位置上。

许多医院建筑的设计以其功能性而闻名，更多

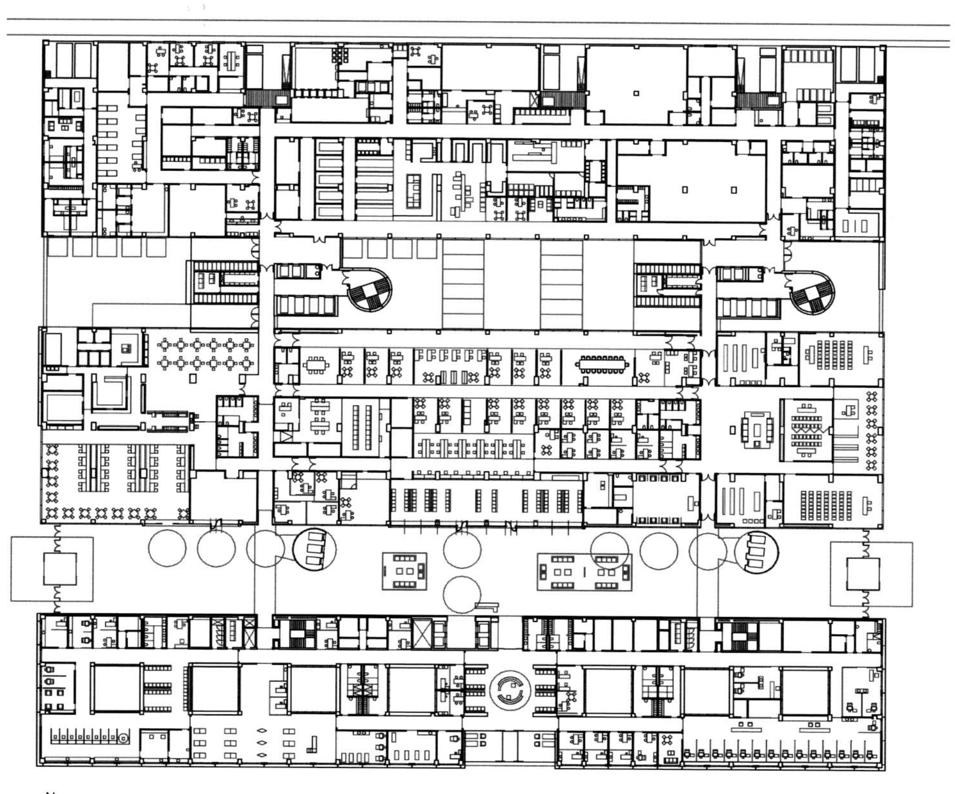

∧ 建筑一层平面图

∧ 与传统医院大相径庭的公共空间

地考虑实用性，而不是考虑人们接受医疗的需求和建筑的舒适度。这使建筑看起来更像是工厂。21世纪需要一种新的医院设计理念，使病人在更人性化的环境中得到治疗，同时医护工作者也在这种环境中践行着疗愈的理念。

（2）皇冠与基座

建筑设计理念灵感来自最新的住宅建筑设计。两个椭圆形的皇冠状流线型结构为两个诊疗单元，不仅区别于理性主义压迫的“药丸块”形式，也让

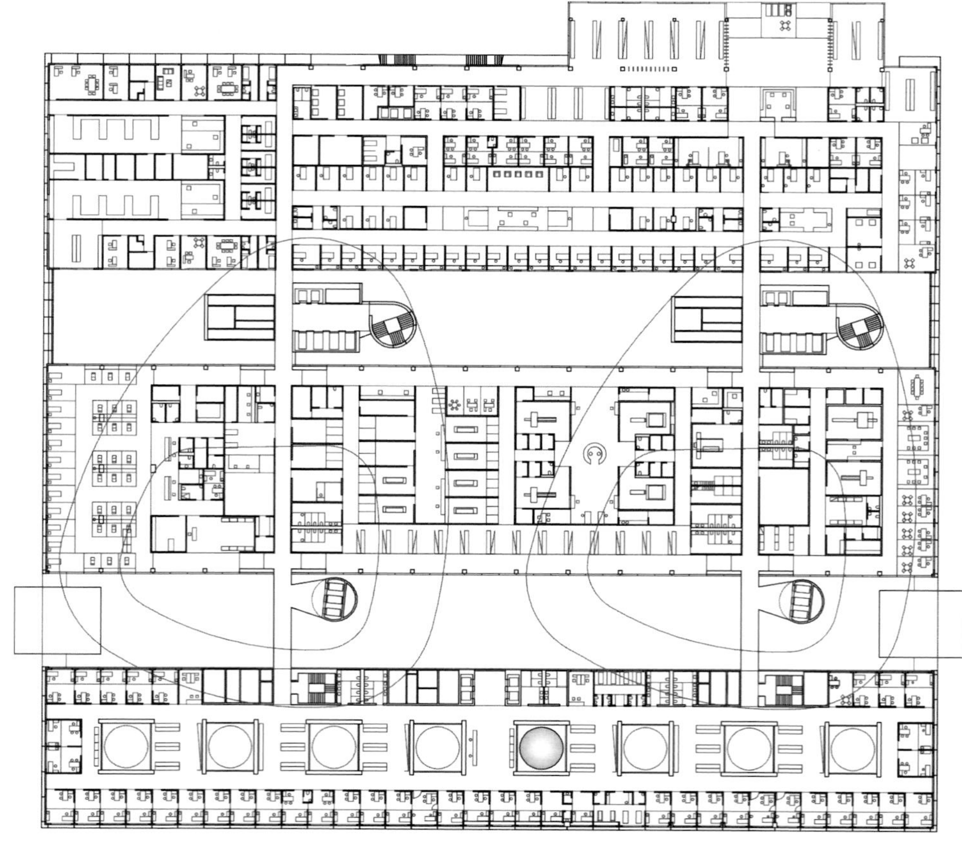

∧ 建筑二层平面图

∧ 建筑内的光与影

建筑摆脱了走廊状的结构，促进了同心循环和交流，同时有效地利用了中庭的优势以共享自然光。

皇冠与基座两个功能空间串联在一起，形成全新的建筑框架，为医护与患者提供了在自然光和安静环境中治愈和被治愈的机会。

医院总面积94,705m²，四周环绕着玻璃走廊和带无障碍花园的病房。医院每五层有一个护理站，共有床位260张。在这里，无论是病人还是来访者，都会发现自己被一个宽敞明亮的空间所包围，进而产生放松、平静和关怀的感觉。

∧ 病房内景

∧ 四周带无障碍花园的病房

Chapter 2 第二章

Healing and Carbon Reduction

疗愈与碳减排

低碳医疗产业发展的新趋势

随着人们对生活质量要求的提高，医疗碳消费近年来呈现出明显的增长趋势。医疗水平的提高和即将到来的人口老龄化，将使碳消费面临可预见的急剧增长。在2021年政府工作报告中，明确提出要在碳达峰、碳中和上扎扎实实地工作。2021年3月15日，中央财经委员会第九次会议指出“十四五”期间是碳达峰的关键期和窗口期，要构建清洁、低碳、安全、高效的能源体系，控制化石能源总量，提高利用效率，实施可再生能源替代行动，加快碳排放交易，积极发展绿色金融；要求地方政府和能源部门制定2030年达到碳高峰的行动计划。作为碳消费逐年增加的医疗行业，低碳设计不容忽视。低碳医疗已成为时代发展下医疗产业发展的新趋势。

本章从建筑学与环境行为学的角度出发，通过对不同类型建筑的设计分析和节能减排分析，将医疗建筑与低碳设计相结合，旨在探索疗愈与低碳结合的新思路。其中案例余兆麒健康生活中心位于楼顶，自然采光设计及通风绿化设计不仅实现了建筑碳减排，而且为患者提供了更舒适的医疗环境；西非布基纳法索卫生与社会福利中心项目是第三世界国家低碳建筑设计的实践性案例。建筑采用当地材料体现地域特色，室内功能布局简单直观，提高了就诊治疗效率，这样的设计方式是低收入国家对于低碳设计的一种可行性探索。

∧ 院区景观实景图

Jiahui International Hospital

城市花园中的医院

——嘉会国际医院设计

项目名称：嘉会国际医院

项目地点：中国上海

建筑面积：181,269m²

竣工时间：2018年1月

设计团队：NBBJ

项目摄影：张虔希

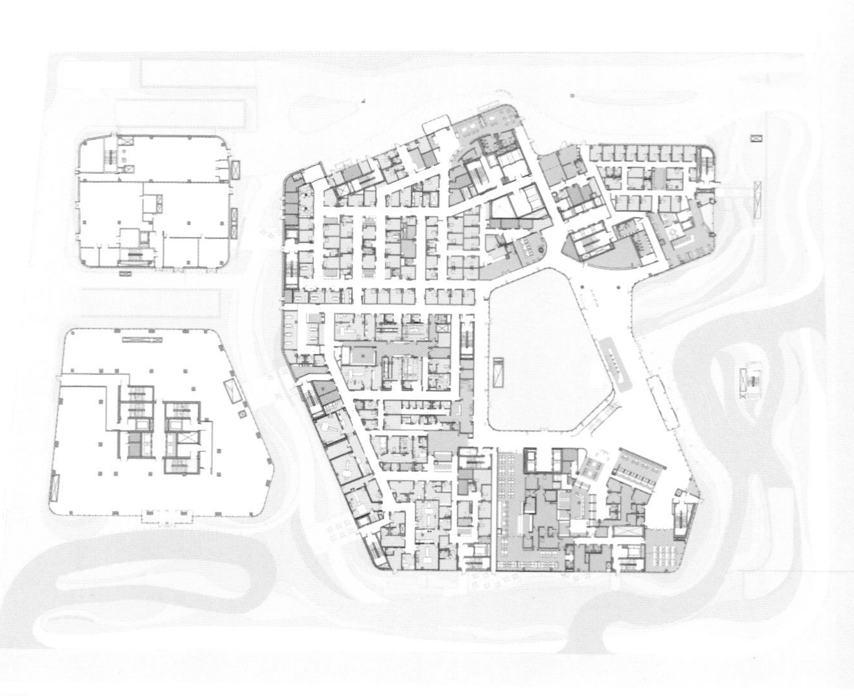

∧ 首层平面图

∧ 建筑外观实景图

∧ 庭院中心花园俯视图

项目概述

嘉会国际医院是由NBBJ设计完成的一家外资控股的综合医院。医院的设计目标是打造一座“花园中的医院”，NBBJ的设计将阳光和自然景观等有利于康复的要素带到患者身边，希望在周围高密度的城市环境下积极提升治愈疗效，并通过建筑中心花园的设计为这座医院赋予绿色的心脏，通过树木、灌木、草坪、步道的营造以及水景元素的融合使得花园与大部分院区建立视觉联系和通行连接。

医院位于上海市徐家汇漕河泾园区，院内建筑包含住院塔楼、门诊楼、手术及医技楼、急诊部、肿瘤中心及其他功能空间。医院一期共设有246张床位，二期完成后达到500张总床位数。

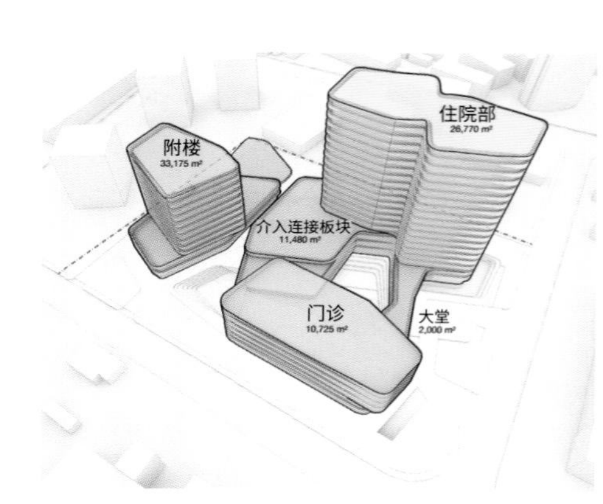

∧ 建筑功能分析图

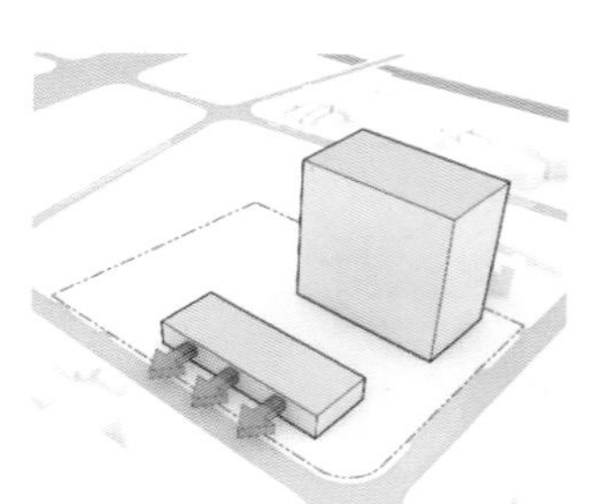

北面的塔楼和南面的门诊区域

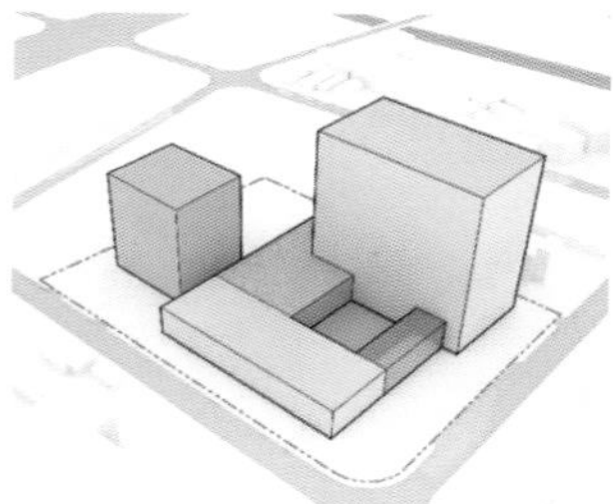

介入链接板块将中央庭院周围的项目连接起来

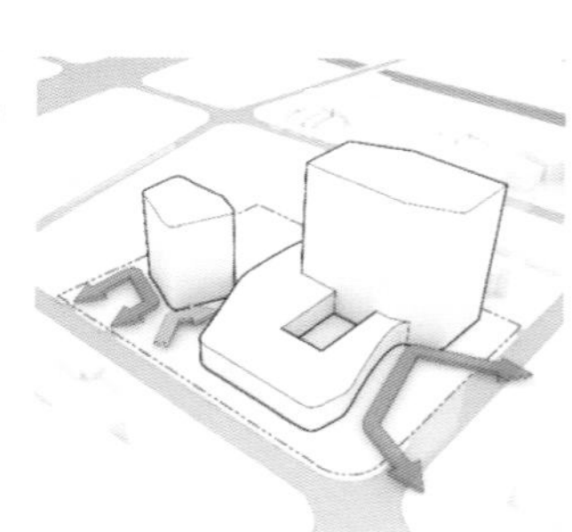

场地入口

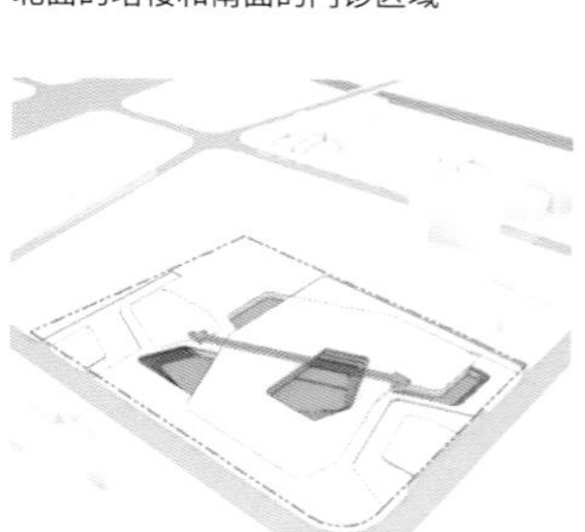

下沉式花园与各种项目相连为B1层带来光线

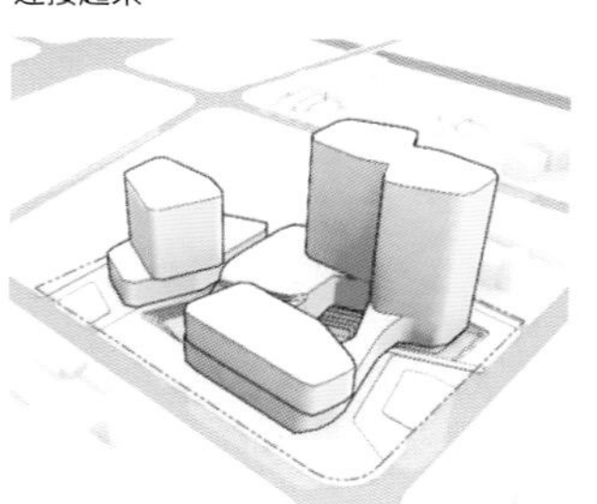

外立面的遮阳和观景策略是根据太阳能分析、编程和景观来制定的

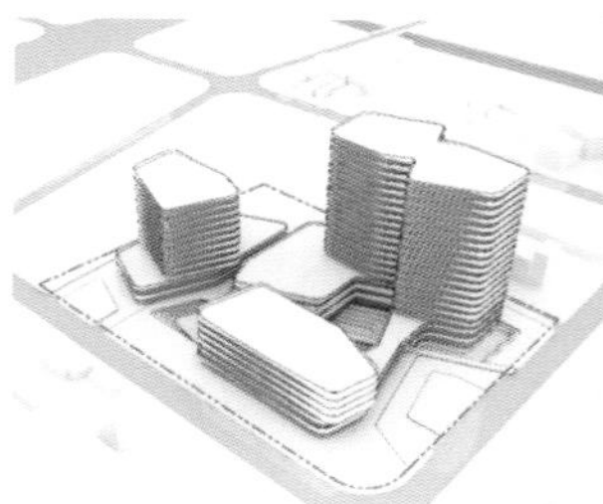

遮阳和衔接的初步立面策略

∧ 建筑体量分析图

∧ 医院的中心花园

∧ 建筑圆形转角与雕塑形态

∧ 建筑局部图

局部介绍

（1）建筑功能布局

建筑体量从场地基本要素入手，整体体量根据功能需求划分为大小两个部分，小的体量向外延伸与道路呼应，两个体量之间通过功能有效连接，再依据交通流线以及景观节点的分析设计将不同功能的体块有效串联。底层的架空使中心花园视线得以延伸，日照分析则能更合理地规划病房区域。底层的花园以及架空设计使得建筑形成局部小气候，空气的对流以及风的引入与流通在一定程度上减少了底层区域的设备能耗，实现了低碳医疗。

当患者从紧张喧闹的市区怀着忐忑的心情来到医院，目光所及便是郁郁葱葱的绿植景观以及陶土板和玻璃组成的建筑，心情会趋于平静。建筑语汇柔和自然，竭力通过圆形转角与雕塑形态来缓和疏解患者的紧张情绪。医院入口通道两侧在自然景观的环抱之中向患者、家属及访客展现出欢迎的姿态。接待中心和楼梯井处的设计选用了暖色调的双层天然木材隔墙、石材地板和优雅的弧线等。

∧ 医院的中心花园景

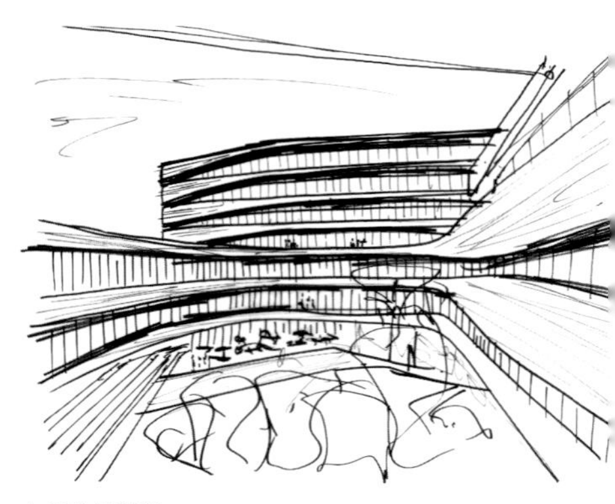

∧ 设计手稿图

（2）低碳设计

医院充分利用中央庭院空间，最大限度地增加了自然采光与景观视野。住院部楼层设置了较小的露台，使患者打开视野以便观望自然景观。病房采用同向布置，便于护理人员实现标准化操作。此外，病房的灵活布置，能够根据需求快速且低成本地在普通病房和重症加强护理病房之间进行自由转换，以便使患者在极短的时间内得到有效救治，从而节省医疗费用以及不必要的开支，以达到低碳医疗的目的。

病房沿外墙分布便于采光通风，其他功能区位于中央，该医院通过功能空间划分为患者提供了一个高效、快捷的绿色的检查就诊住院途径，使患者在最短时间内，花最少钱把病治好。实现医疗与低碳的深度结合。

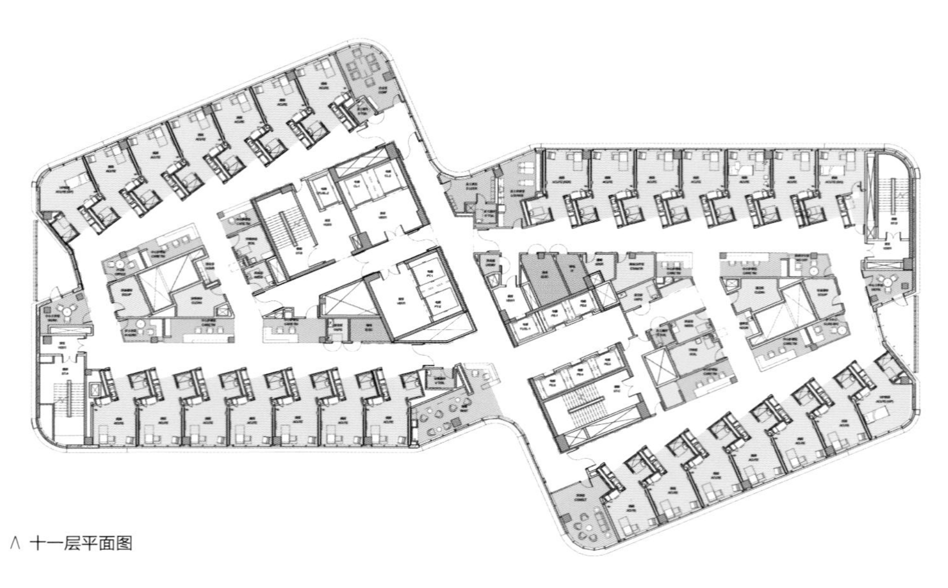

∧ 十一层平面图

∧ 静谧的室内环境图

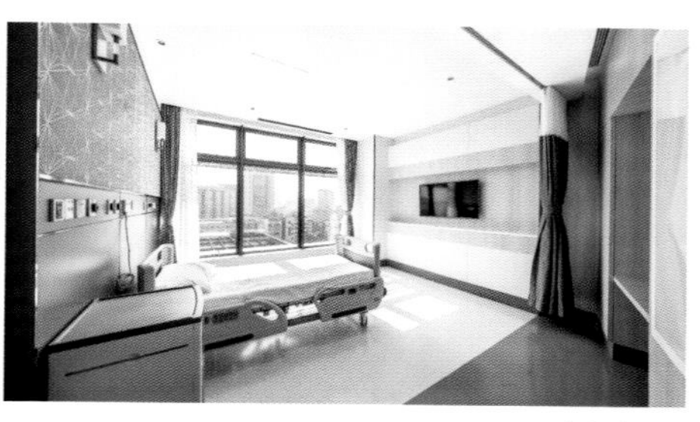

∧ 病房内景图

∧ 室内光线效果图

（3）室内环境

设计者坚信环境安静能够加速患者康复的理念，因而与同类型医院相比，这座医院在设计上被赋予了更多的安静空间。此外，建筑设计还引入许多创新理念，这些理念的引入有助于界定中国未来医疗事业的发展方向，这其中包括手术室推车服务系统、患者病房推拉门、步入式推车洗涤车等。这些都是国内首屈一指的新理念。

嘉会国际医院的设计在重视人性化体验与提升患者个体治疗感受的同时，还将可持续性作为一大亮点，运用一系列相互协调的策略来实现节水节能，以达到减少医疗垃圾和温室气体产生的目的。建筑内部及周围的空气均通过低挥发性有机物（VOC）材料与自然通风措施得到优化提升。医院不断增强低碳意识，紧跟低碳潮流，构建适应低碳经济要求的卫生服务体系及管理和运行机制，加快医疗资源共享，保障居民基本医疗服务需求。目前这座医院已经获得美国绿色建筑委员会LEED金级认证，同时也成为中国大陆首家获得LEED金级认证的国际医院。

∧ 建筑一侧：绿化天台随着建筑斜向墙面的造型一直蔓延到绿化屋顶，打造了绿意盎然的秘密花园

SK Yee Healthy Life Centre
天台上的绿意与温馨
——余兆麒健康生活中心

项目名称： 余兆麒健康生活中心
项目地点： 中国香港
建筑面积： 250m²
竣工时间： 2014年
设计团队： 吕元祥建筑师事务所

项目概述

余兆麒健康生活中心位于香港屯门医院天台顶层，旨在为患者提供一个舒适的休憩场所。吕元祥建筑师事务所（以下简称RLP）在原本荒置的医院天台延伸出一片面积250m²的覆盖面，汇生不同的空间，使长期病患者在漫长的复康路上，除接受专业辅导之外，还能更多地享受到户外的绿意与蓝天，从轻松的氛围中舒解压力。项目中设有四间辅导室、一间多用途室及接待室等设备。

RLP利用模块化单坡顶的设计概念来降低空间的压抑感，保持室内外活动环境的宽敞舒畅。设计

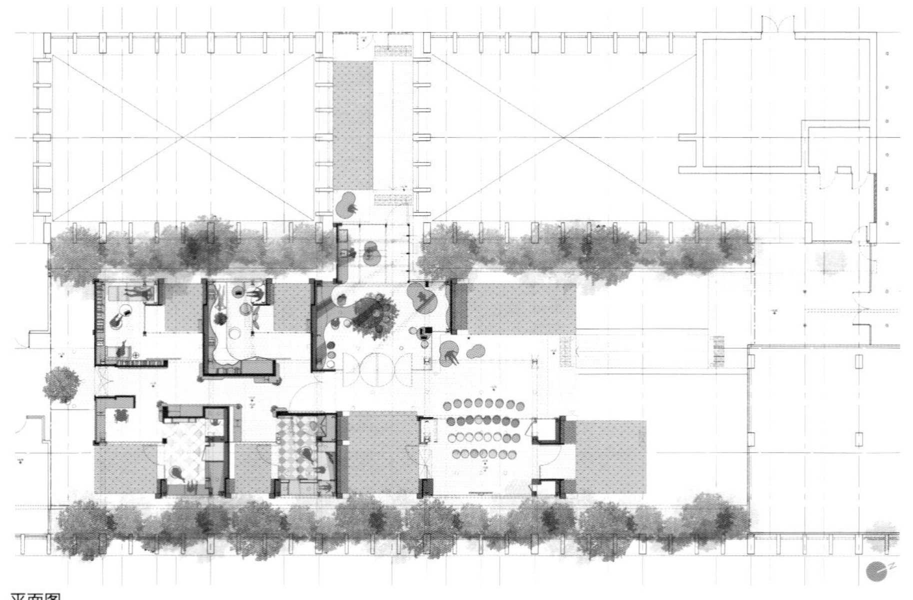

∧ 平面图

∧ 建筑室内外交界处

概念遵循“言简意赅”的原则，利用轻身钢材建造，充分利用了医院天台的现存空间，对医院总体来说，天台的改建一方面使旧大楼环境在绿色环保设计中得到优化，另一方面为医院增加更多人性化的功能，增添了其医养环境的活力与生气。医护人员从开始就参与项目设计的讨论，提供专业的亲身经历与意见，协助RLP打造宁谧轻松的自然氛围，RLP全面运用可持续设计策略，最终设计出能缓和病者情绪的健康中心。

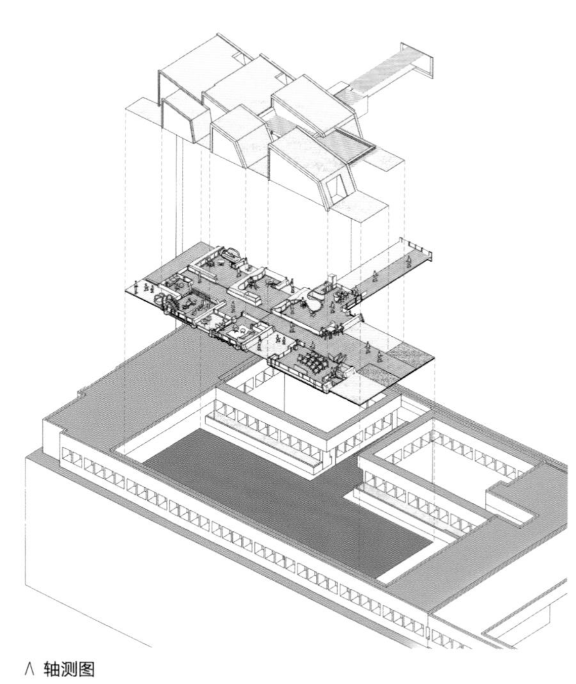

∧ 轴测图

局部介绍

（1）建筑功能布局

在功能上，该项目分为儿童辅导室与成人辅导室。儿童辅导室的设计充满童心玩味与融融暖意，打破沉闷，以便医护人员为患者提供更适当的辅导与治疗。并且每间辅导室和多用途室都能连接户外独立的小庭院，宛如“绿脉”由外至内延伸，

∧ 绿色与木色结合的室内外环境

整体建筑拥有逾57%的超高绿化率。较于传统医院环境，余兆麒健康生活中心更像是一个宁静庭院。

每间辅导室附设独立的“绿化庭院”，内外互动，让接受辅导的病患者多感受绿意、蓝天与阳光，降低负面情绪，使传统意义上沉闷严肃的辅导室摇身一变，成为放松心情的场所。

（2）低碳节能设计

项目采用天然采光设计，不仅节能、环保，也让病患更加亲近自然，有利身心恢复健康。利用穿堂风设计，可引入自然风，大大改善室内空气质量，降低空调负荷，减少能源消耗，间接增加了额外的低碳效益。

被动式设计的室内空间营造零压力的儿童辅导区。儿童专用滑梯穿梭室内室外，充满童心，能有效让儿童放下戒心，接受辅导。

（3）室内环境

有别于传统医疗场所素白单调的氛围，余兆麒健康生活中心提供了一个低碳、自然、舒适、健康、融合内外绿化的环境，让居者与自然亲近。

总体上讲，余兆麒健康生活中心的绿色环保设计一方面优化了旧大楼环境，打造健康舒适的绿色空间，另一方面根据香港的气候特点，特别采用隔热降温的设计特色，达到低碳排放的设计目标。

余兆麒健康生活中心为屯门医院增添了新的生气，也成功为复康患者营造了一个集家居、庭院和游乐场于一体的别样健康中心，让长期病患者在轻松的氛围中舒减压力。

∧ 儿童辅导室一角

∧ 茶水间

∧ 建筑室内外交界处

/\ 广场摄影

The University of New Orleans Medical Center
健康医院，健康社区
——新奥尔良大学医学中心

项目名称： 新奥尔良大学医学中心
项目地点： 美国路易斯安那州新奥尔良
建筑面积： 14万m^2
竣工时间： 2015年8月
设计团队： NBBJ
项目摄影： 本杰明 · 本施耐德（Benjamin Benschneider），肖恩 · 艾尔哈特（Sean Airhart）

1. 入口庭院
2. 入口门厅
3. 门诊
4. 挂号处
5. 等候区
6. 患者入口/接待处
7. 肿瘤科
8. 内院
9. 庭院
10. 停车场
11. 办公区
12. 会议中心
13. 餐厅
14. 机动车下客区

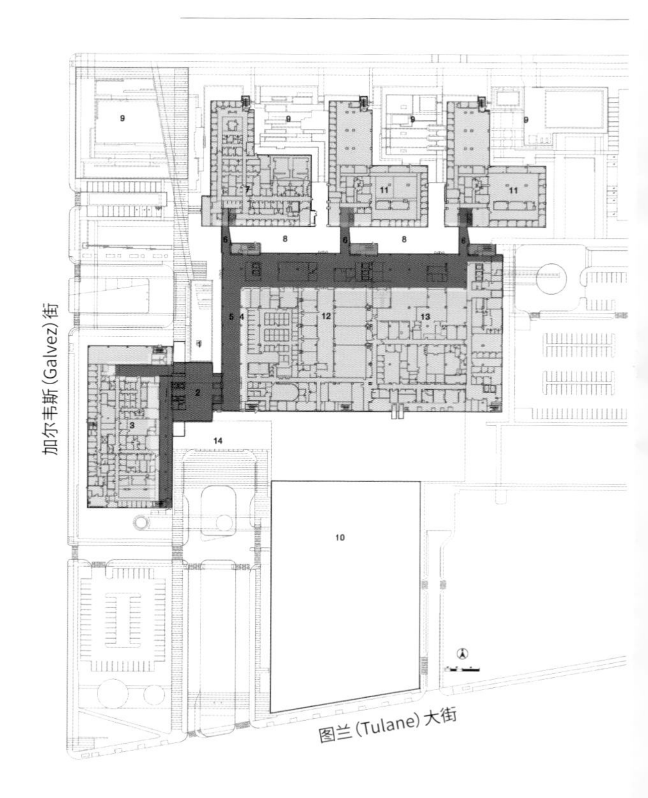

/\ 一层平面图

∧ 亲水活动平台将建筑彼此相连，形成舒适的社交活动空间。建筑立面色彩搭配明快活泼，伸出的阳台空间使人们得以看见和被看见，从而搭建起良好的视线联系

项目概述

NBBJ设计团队与新奥尔良、路易斯安那州合作，建造了一所支持社区健康、提升患者护理标准并实现跨界医学研究的低碳发展型医院。新奥尔良大学医学中心将取代在卡特丽娜飓风中遭受严重破坏的路易斯安那医疗中心（又名慈善医院），以在未来遭受自然灾害时具备继续治疗病患的能力。该项目以此为标准，通过先进的复原策略与手段，使医院满足在遭受三级飓风袭击后仍能维持运营一周且无需外部支援的条件。

新奥尔良大学医学中心位于新奥尔良市中心运河街，坐落在NBBJ先前设计的退伍军人医院、杜兰医学院和健康科学中心、路易斯安那州健康科学中心之间。因此拥有极佳的条件可以积极参与到连接新奥尔良与学区和周围社区的生活之中。大学医学中心拥有446张床位，作为一个扩建生物医疗区的核心纽带，为地区范围内的医疗保健体系的转型搭建基础平台。并且促进与毗邻的杜兰大学与路易斯安那大学的协作与研究活动，推动所在城市及路易斯安那州成为世界级的学术性医疗中心。

∧ 新奥尔良大学医学中心街景图

∧ 建筑入口与内部庭院

∧ 建筑立面：采用窄带开窗与遮阳系统设计立面，并保证内部采光、通风以及视野的可视性

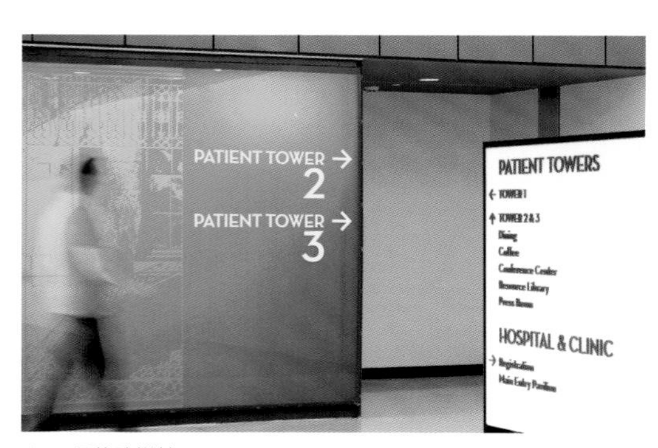

∧ 一号住院塔楼1

∧ 剖面图

∧ 一号住院塔楼2

∧ 二号住院塔楼1

∧ 一号住院塔楼3

∧ 二号住院塔楼2

1. 病房
2. 景观走廊（膳食/挂号）
3. 会议中心
4. 二楼：急诊科
5. 架空式应急平台
6. 三楼：影像科
7. 四楼：外科手术及术前准备/术后恢复观察室
8. 五楼：化验室
9. 顶楼机械层
10. 庭院
11. 内庭院
12. 阳台
13. 卸货平台

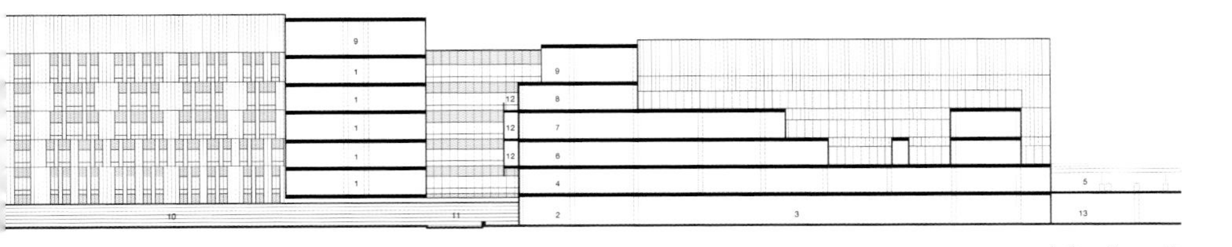

∧ 三号住院塔楼1

∧ 三号住院塔楼2

项目主要包括正对运河街的塔楼（内有424张病床）、校园中心位置的诊疗大楼、面向盖尔贝兹街的门诊楼、一个车库和杜兰大道上的一个中央公用设施工场。作为一个综合性的癌症护理项目，它不仅提供住院服务，而且包含了路易斯安那州东南部唯一的一级癌症中心。

局部介绍

（1）建筑功能外观

在新奥尔良大学医学中心项目设计中，考虑到潜在的洪水等自然灾害的风险，所以在地面层不设置医院的关键功能。首层主要设置公共服务与办公功能，较高楼层则提供较为重要的患者护理功能。设计师将项目设想为一座漂浮的医院，由预制装配式构件与玻璃幕墙搭建的塔楼悬停在一个邀人入内的透明基座上，成为这个建筑的外观形象。

（2）建筑形象与色彩

建筑的形象和大胆的色彩使用与建筑整体格调协调，为来访的人们提供了一个体验式的互动访问空间，让人逐步适应建筑环境。三幢沿着医院主通道设置的住院塔楼，每幢单独的颜色编码有助于寻路，在它们的玻璃墙面上有着与新奥尔良相关的不同照片。

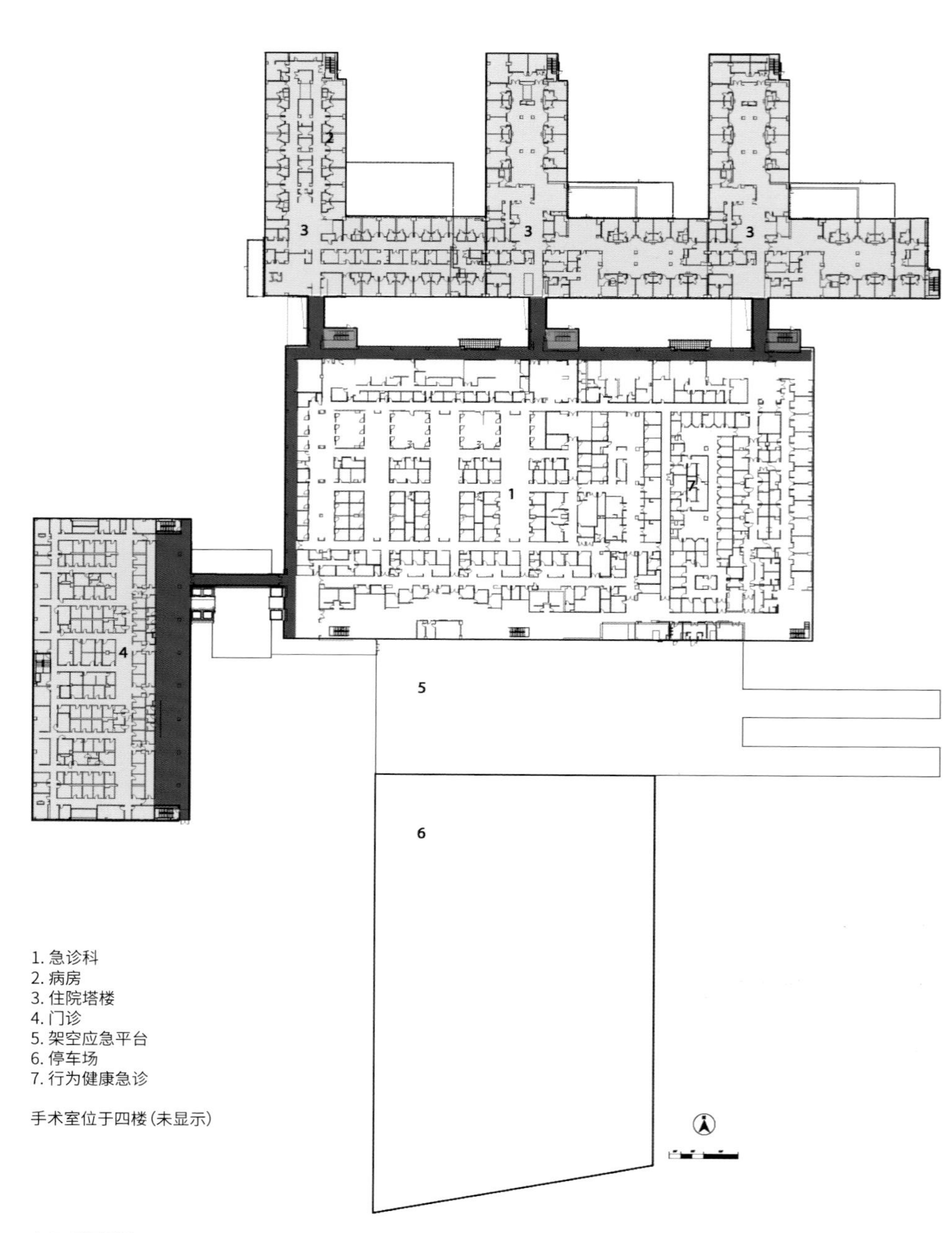

1. 急诊科
2. 病房
3. 住院塔楼
4. 门诊
5. 架空应急平台
6. 停车场
7. 行为健康急诊

手术室位于四楼（未显示）

∧ 二层平面图

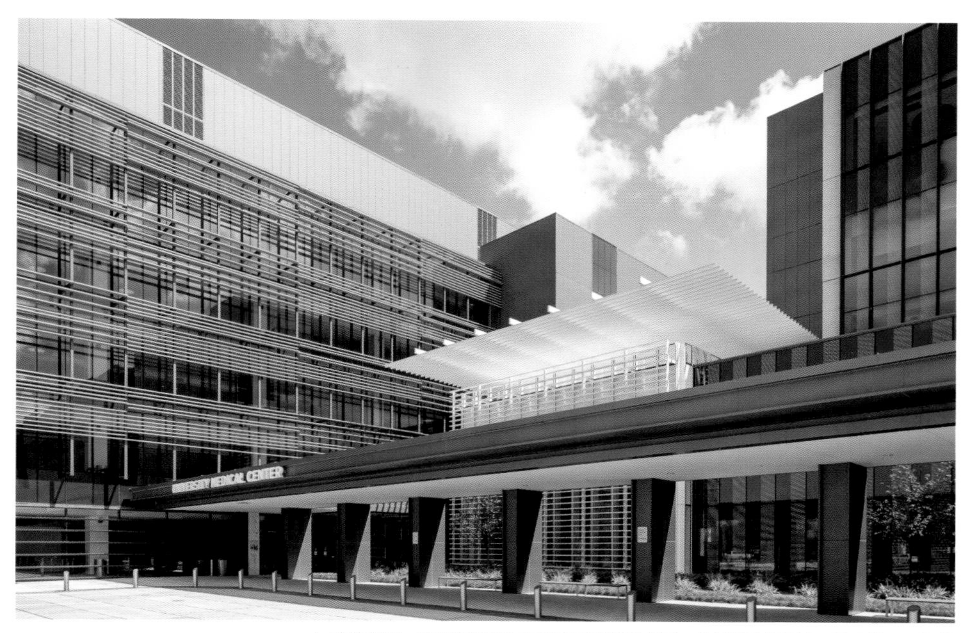

∧ 建筑立面：采用窄带开窗与遮阳系统设计立面，并保证内部采光、通风以及可视性

（3）气候与低碳

考虑到新奥尔良的气候，项目采用了尽可能高效的主动式太阳能策略，采用窄带开窗和遮阳系统的方式，更多开口是为了响应内部要求而不是形式目的。另外，项目在通风、场地和表皮设计中倡导可持续性原则。设计团队在创建最大化患者观景视线的同时又要做到减少太阳热能获取，从而降低建筑的能源消耗。庭院和花园为患者和来访家属提供了舒适的空间，提高了自然资源利用率，实现医院的低碳化发展。

在治疗区域的设计中，为了打造高效率的医疗服务，布置毗邻的诊断服务和门诊服务，与东南方向相邻的路易斯安那退伍军人医疗中心实现了最大程度的协调。这极大程度提高了患者就诊率，缩短就诊时间，构建了良好的低碳氛围。

∧ 建筑立面

∧ 建筑主入口外部

∧ 建筑主入口内部

∧ 建筑中庭：内部的中庭，挑高三层，9m多高的新奥尔良玻璃雕塑矗立在中央，沐浴着阳光并洒向中庭的每一个角落，形成重要的寻路标志以及访客和患者的重要信息枢纽

（4）建筑入口与中庭

建筑主入口是明亮的玻璃外立面，并以与大楼立面相异的横条格栅作为肌理。玻璃入口不仅给人提供了一种透明感，同时还能减弱设施巨大的体量所带来的厚重感。

∧ 建筑中庭

∧ 建筑内部庭院：水景与植物的完美结合

∧ 建筑入口与内部庭院

（5）面向自然的景观设计

建筑面向自然并与患者亲密接触是一个很重要的设计理念，且该项目在让患者与大自然亲密接触的同时用水量也大幅度减少，这是医疗项目中很少见到的。园区的四周边缘被一排广场与庭院界定出来，内部庭院又把住院楼和诊疗楼分隔开，通过阳台可以俯瞰楼下的活动平台与平台横跨而过的水池。被绿植与水景装扮的庭院，美化了建筑水平与垂直方向的空间环境。立面的宽大窗户与宽阔空间让建筑的每一处空间都洒满充足的光线。

∧ 阳台与休息区：新奥尔良大学医学中心的私密性阳台和休息室让员工有机会俯瞰庭院，人们可以在这里休息和放松片刻。私密员工空间被证明对医院生产力和满意度的提升起到了积极作用

∧ 背光式穿孔金属板

∧ 检查室与走廊

（6）内部功能与室内设计

NBBJ设计团队在进行室内设计时，密切关注使用者的需求，最大限度地提高患者的舒适度。在设计时，所有病房都设置窗户，每间病房都能拥有自然采光并观赏室外美景，所有急诊护理室都配备浴室。

透过大片的落地玻璃窗使得患者和家属能够观赏到庭院优美的景色，并且在室内设计上采用高靠背的家具形成小空间的私密软隔断，营造舒适的等候空间。

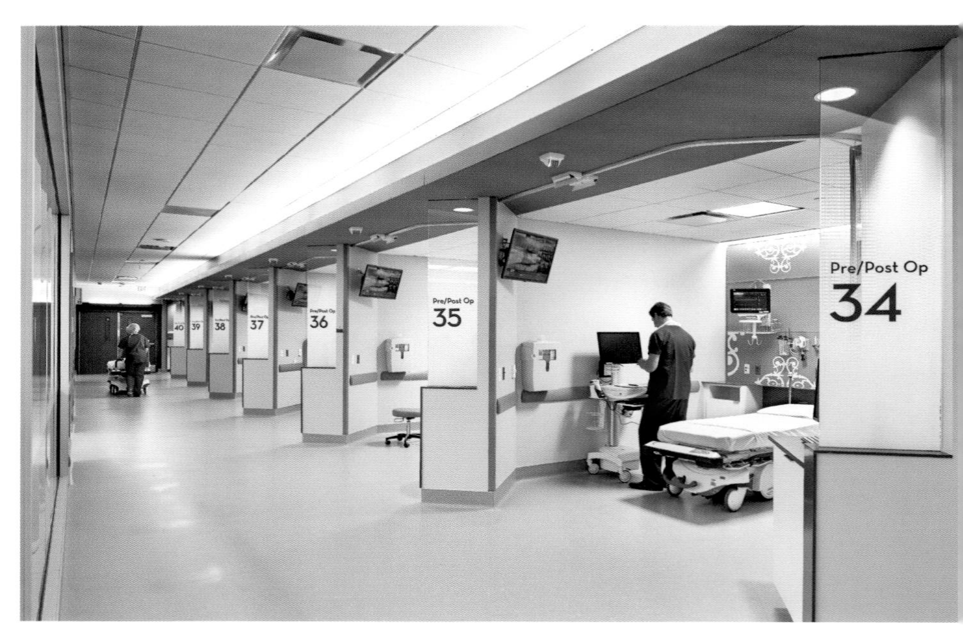

∧ 检查室与走廊

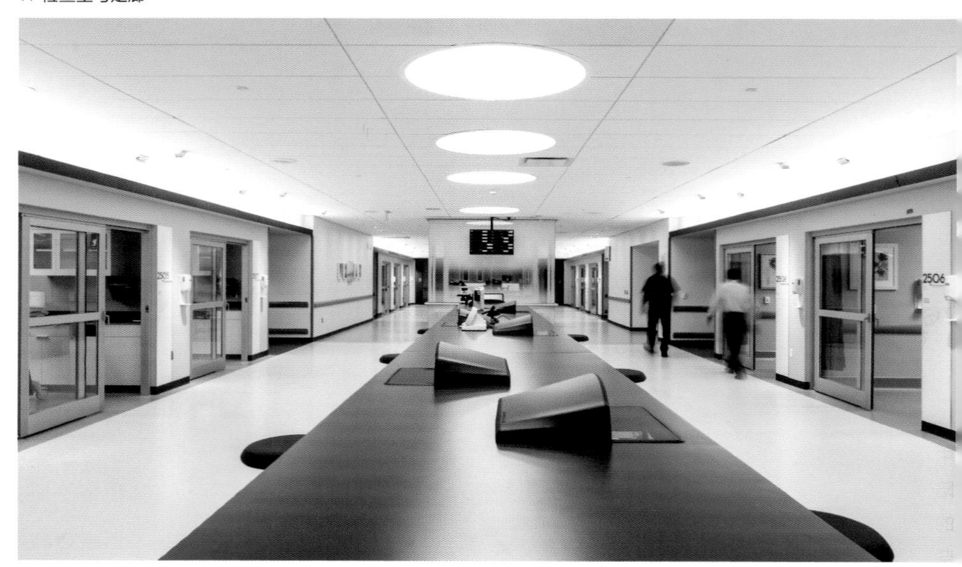

∧ 急诊室与手术室走廊

∧ 等待空间走廊

∧ 等待空间：单人、多人、高靠背与矮靠背的沙发共同组成了等候区域，满足不同人群社交、休息的需求

∧ 患者及家属交流区

输液治疗区的落地窗可俯瞰新奥尔良大学医学中心的庭院与花园，为那些正在接受治疗的患者与陪伴他们的亲友打造了舒适的空间。输液区用明亮的颜色与柔和的材质，与户外景色形成互补，为那些接受癌症护理的患者和他们的家属打造了一个明亮安逸的空间环境。设施内部的落地窗也为患者与家属带来了良好的视野与开阔的心境。

住院楼尽头利用窄条窗打造节奏感，一张金属网把眺望运河街的阳台囊括其中。此设计让使用者与大自然亲密接触的同时增加了建筑的秩序性。

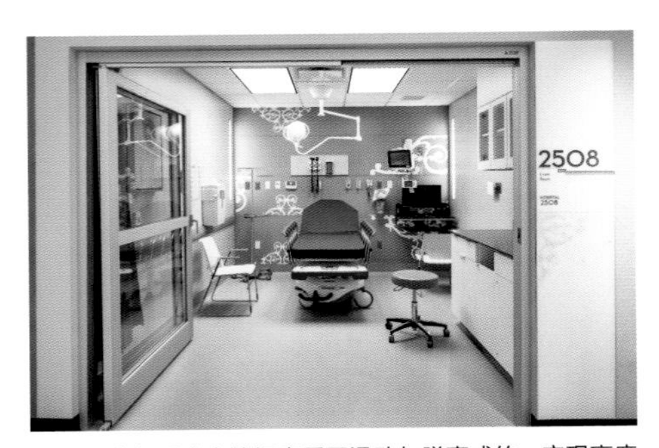

∧ 急救室与手术室的门扇采用滑动与脱离式的，实现高度便捷性与无障碍性

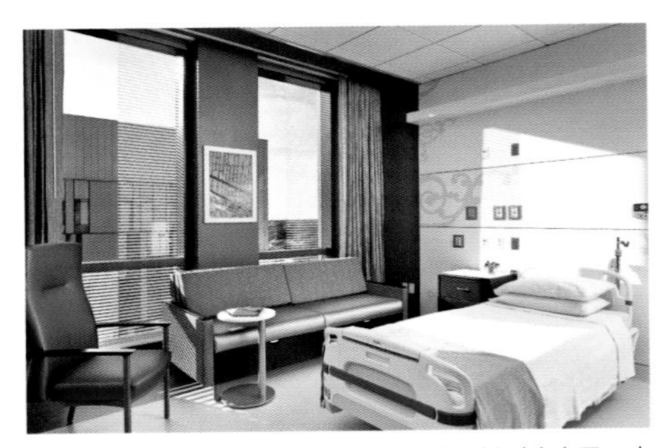

∧ 室内病房：明媚的阳光透过大落地窗照射到病房里，病房室内设计也以温暖且沉稳的棕色系与浅色系为主

（7）住院和诊疗空间

进入门诊部的通道里摆放着与原路易斯安那医疗中心相似的艺术品，最大程度地增加患者在整个就诊旅程中的舒适感。

在等候区和挂号处，背光穿孔墙壁上的定制图案是对奥尔良城市老区——法国区与铁艺相结合的建筑风格的一种敬意。背光式穿孔金属板上的铁艺图形是环境标识设计团队受到法国区的启发创作而

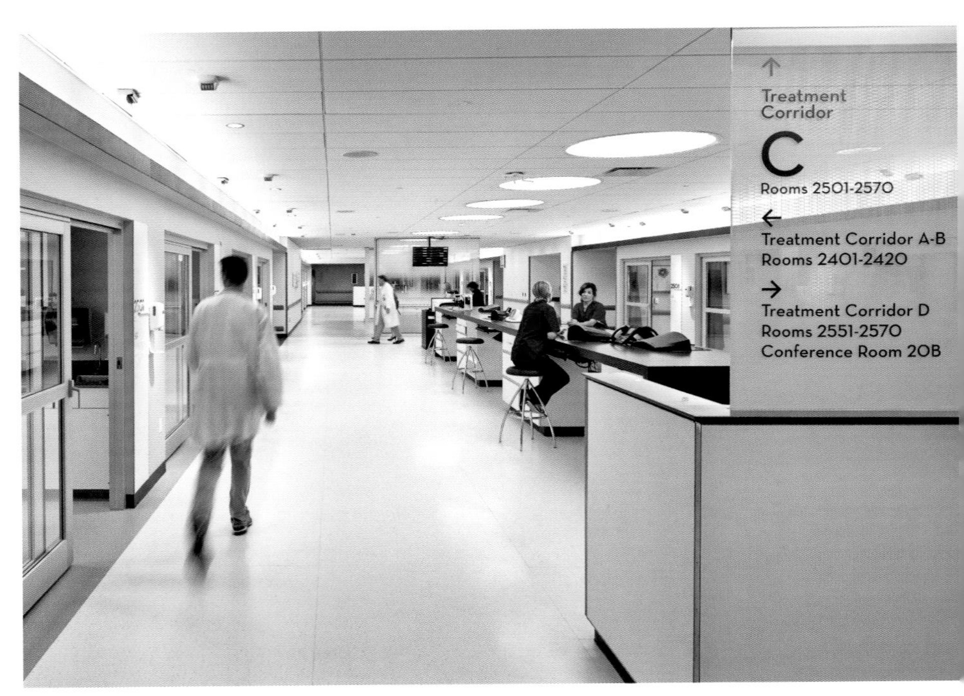

∧ 急诊部与检查室1

∧ 急诊部与检查室2

成的。私密挂号间旁的立体木质墙由竖向排列的线条制成。

病房与检查室也采用定制的夹胶墙面进行装饰，并与铁艺图案相结合。

急诊部走道以双侧开间为特色，到检查室有清晰的场地流线，分隔玻璃门可移可平开，使临床医生可以迅速检查并治疗患者。大学医学中心的不同部门被设计为横向布置，为患者在不同治疗阶段之间转移带来了最大的方便。

新奥尔良大学医学中心的设计既迷人又精致，将过去与现在融合起来，绿色节能的低碳设计与规划，以及私密温暖的内部空间设计与定制化软装，共同促成了大学医学中心的诞生。并且，这家医院也为该地区创造了就业机会和经济增长，共同推进了飓风灾害后新奥尔良的重建工作。

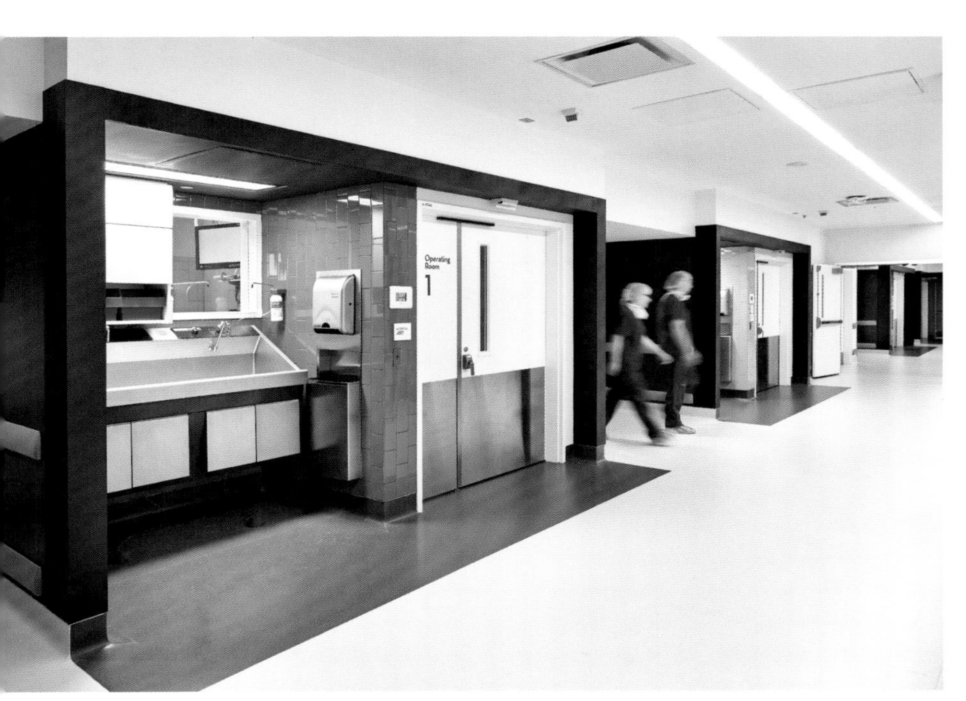

∧ 急诊部与检查室3

∧ 室内外开窗

Burkina Faso Centre for Health and Social Welfare in West Africa

长满窗户的房子

——西非布基纳法索卫生与社会福利中心

项目名称： 西非布基纳法索卫生与社会福利中心

项目地点： 布基纳法索的拉昂戈

建筑面积： 1340m²

竣工时间： 2017年3月

设计团队： 迪埃贝多 · 弗朗西斯 · 凯雷（Diébédo Francis Kéré）团队

项目摄影： 凯雷建筑事务所的埃里克-简（Erik-Jan Ouwerkerk, Kéré Architecture）

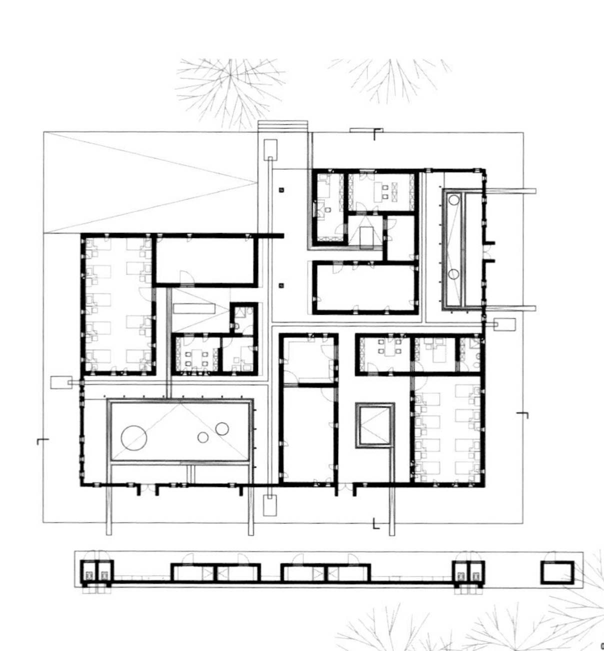

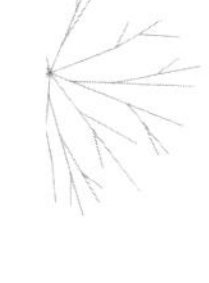

∧ 建筑平面图

∧ 桉树与诊所1

∧ 建筑外景

项目概述

作为与已故的克里斯托夫·施林根西夫（Christoph Schlingensief，德国导演、演员、艺术家）一起制作的乡村歌剧院项目的重要组成部分，西非布基纳法索卫生与社会福利中心致力于为非洲西部布基纳法索的拉昂戈和周边地区的当地居民提供基本的健康和医疗资源保障；同时也是低碳医疗建筑设计的实例。

局部介绍

（1）建筑功能外观

该中心由围绕中央候诊区组织的三个部门组成：牙科、妇产科和普通医学。该设施设有检查室、住院病房和员工办公室。与此同时，设计师对访客和患者家属做了人性化的考虑，为他们设置了几个带树荫的院子供等候逗留，也增加了建筑的整体空气流通及光线进入。

（2）人性化与低碳设计

被动式设计以及简便的就医流程减少医院的建筑资源与医疗资源的消耗，做到了低碳与人性化的结合。

（3）自然光线设计

根据站立、坐着或卧床不起的个人（包括孩

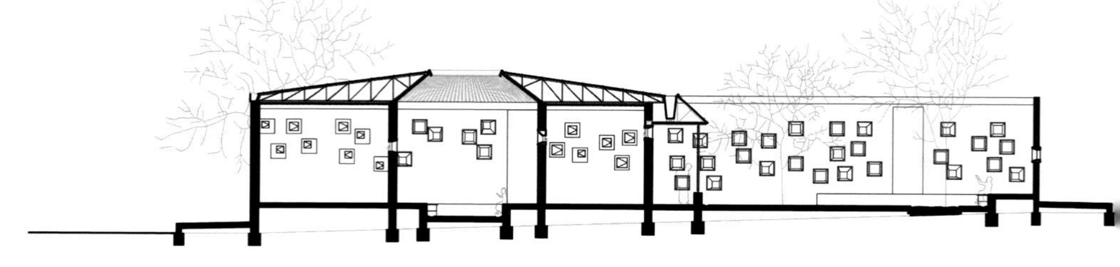

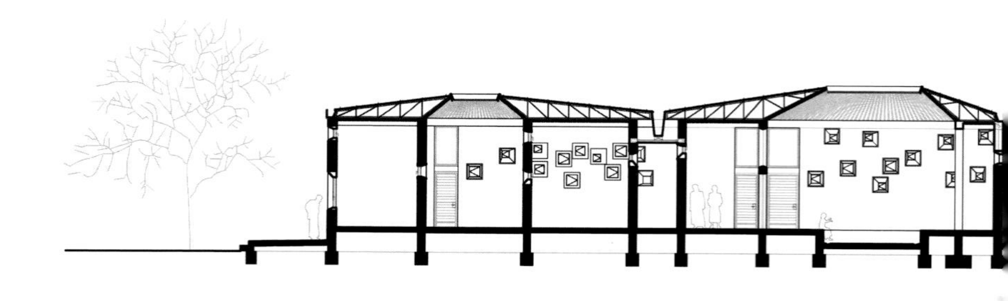

∧ 剖面图

∧ 桉树与诊所2

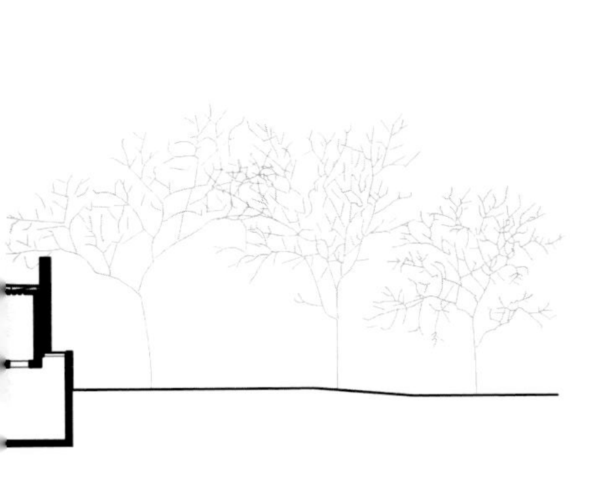

∧ 与环境相适应的墙体1

∧ 等候区

∧ 医生诊室

∧ 与环境相适应的墙体2

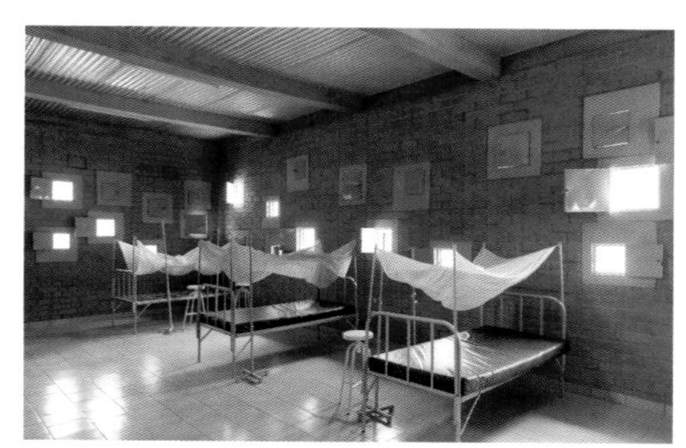

∧ 室内开窗

子）的不同视角设置了有趣的开窗设计。窗户的排布就像相框一样，每个单独的视图都聚焦在景观的独特部分上。

当地的黏土与红土石被运用到特殊的墙体结构中，以就地取材实现建筑的低碳化设计，让建筑整体与细部的物质美学和生态环境保持一致。

当地可用的桉木虽被认为是环境的破坏者，因为它助长了沙漠化，但被用来衬托中心的吊顶和铺设人行道十分契合，从而营造出良好的低碳文化氛围，使得环境保护意识深入人心。

∧ 病房

∧ 建筑鸟瞰图

The First People's Hospital of Honghe Autonomous Prefecture

有医疗街的医院设计

——红河州第一人民医院迁建工程

项目名称： 红河州第一人民医院迁建工程

项目地点： 中国云南省红河州滇南绿洲公园东北区域

建筑面积： 370,636.45m²（其中地上总建筑面积270,834.61m²，地下总建筑面积99,801.84m²）

竣工时间： 2019年

设计团队： 同济大学建筑设计研究院（集团）有限公司

项目摄影： 马元

项目概述

云南省红河州第一人民医院迁建工程位于红河州滇南绿洲公园东北区域，场地东侧为规划专科医院，结合主入口设置了院前景观广场；南侧为职教园区，布置住院楼出入口，西侧为商业综合体，设置门诊医技楼次出入口；北侧为城市主干道红河大道，布置有污物出入口和职工出入口。是一所集医疗、教学、科研、康复、急救于一体的“三级甲

∧ 总平面图

∧ 医疗街与室外入口场景

∧ 屋顶细部节点

∧ 广场摄影

等”综合医院，建设规模为2000床。

医院整体布局形成了开放式低碳生态医疗街主轴线，并将门诊医技楼、急诊楼紧密结合，置于主轴线两侧垂直布置，并连通住院楼、科研信息楼、感染诊疗楼、食堂及附属工程等，构建出一种合理清晰的空间格局。

局部介绍

（1）功能组织与空间格局

建筑总体布局以“医疗街”为主轴，医疗街置于建筑核心位置，其北侧设置门诊部，南侧设置医技部，中央通过四条公共走廊联系。受常年主导风东南风影响，传染病楼及场地污物出口设置于西北侧并靠近城市道路，以避免对其他区域产生污染。科研信息楼、食堂、洗浆中心等功能设置于门诊楼北侧区域，创造出生态、舒适、景观良好的医疗就诊空间。

（2）建筑形态

由于建筑规模庞大、功能复杂，如何有效控制建筑体量、展示良好城市界面成为设计中无法避开的一大难点。在设计中，主体建筑退后道路红线约90m左右，同时设置景观绿化带，将人与建筑推开一段距离，从而保证良好的视觉观赏角度。建筑容积率和建筑密度上限分别控制在1.4和40%以内，靠近主干道的建筑层数则控制在四层，并充分应用错动、打破、架空等语言削弱建筑尺度，建筑东、西两侧立面呈连续折线环抱形，既能与周边环境相互融合，又寓意开放、温暖的属性，有效减少了庞大建筑尺度对城市的压迫感。

建筑地域性方面。项目遵循了因地制宜的设计原则，充分利用基地北低南高的特点，建筑顺势错层布置，各功能组团之间通过坡道连接。既能够充分利用场地环境，减小建筑对于自然环境的干扰，同时也体现出当地层层错落梯田的意向，体现出地域文化的特征。

基地地处低纬度亚热带高原型湿润季风气候区，为适应当地夏热冬暖、空气潮湿的气候特征，建筑基于“医疗街”主轴创造出了独具特色的“开放式低碳生态医疗空间”体系。整个体系由入口生态广场、开放式医疗街、就诊空间内庭院三部分构成。其中“开放式医疗街”将三部分连接成为整体，并承担建筑的交通、休憩、交往和服务功能。

∧ 屋顶节点

（3）低碳设计

为取得良好的室内风环境，自然风由出入口通过两处折线形建筑体量引导至“开放式医疗街”，经其中绿色生态系统的净化后传至各功能空间，最后通过医疗街顶部架空层排出室外。这样既能够保持室内空气高质量流通，又可以将建筑外围风速控制在合理范围之内，进而创造良好的室外风环境。

对医疗建筑而言，在室内引入自然光线以创造舒适的光环境是非常重要的。自然光不仅可以提高维生素的获取效率，降低各类疾病患病率，还可

∧ 建筑主轴——“医疗街”内景

以刺激人体产生抵抗抑郁情绪的激素。第一人民医院迁建工程将住院部设置于南侧向阳面，同时是基地内地势较高的区域，以便获得优良采光条件。此外，“开放式医疗街”将阳光引导至建筑内部，进一步增强建筑亲民的性格特征也实现了建筑的低碳化建构与发展。

（4）立面语汇

为突出舒缓、平静的气息，各医疗楼应用了简洁流畅的水平线条，配合窗间墙的稀疏开合，使得建筑立面产生一种流动、透明的韵律感，各突出塔楼如同被彩云包裹，既能与裙房部分协调，同时又与蓝天白云相呼应。建筑色彩方面，主体采用灰色调，使整个建筑看起来温和而安静，符合医疗建筑应有的建筑性格。

“开放式医疗街”的设计也极具仿生学特色。支撑结构犹如一棵棵生命之树，逐级分形与蜂窝状屋顶相连，蜂窝状单元通过规律性变化相互咬合，自然光线透过玻璃洒向地面，配合医疗绿化及中庭，在室内营造出室外空间的效果。既充分体现了结构之美，同时也体现出建筑与自然和谐统一的设计理念。

（5）生态景观

设计师在建筑中创造了一个极具地域特色的景观体系，其可以分为三个层次：第一层为建筑主出入口前集散广场，景观设计配合建筑整体效果，突出流动性线条这一活跃元素，以此将梯田的意象融入其中，同时配以点状乔木绿化，创造出亲切、舒适的室外空间氛围。

第二层为室内景观体系，“生态医疗街”内的绿色植物与休闲设施构成尺度亲切的开放空间。身处其中既可以方便地进入各功能空间，同时也能够满足医生与患者、患者与患者之间的交流，承载了一种新的医院文化。在各诊室之间还设置了彼此相互独立的小型景观内院，并突出其个性化特征，更进一步促进了建筑与自然的融合。

第三层为建筑周边绿化。大面积植被有利于调节局部小气候，在植物选择方面则充分尊重当地生态特征，所选取植物均为本土色、香、形俱佳的物种。如云南栾树、董棕、黄连木、人面子、红花木莲、冬樱花、灯台树、枫树等，在经济适用的同时，也展现了独特的地域风貌。

∧ 门诊部走廊空间效果

∧ 入口广场

∧ 建筑夜景

Chapter 3 第三章

New Life for Healing

面向疗愈新生活

感受时代脉搏　面向新生活

面向新生活，是整个医疗与养老体系跟上时代步伐的重要一环。医疗和养老只有扎根在时代的新生活中，才能焕发新的生机与活力。下面的章节，体现着人们将传统医疗与养老融入新生活的全新思考。

诺尔泰利耶市医院太平间的人情味，一方面表现在太平间作为建筑本身，向城市发挥着积极的意义。别出心裁的花园，是和城市空间联系的纽带。同时，在建筑内部赋予了新的空间概念与氛围，拥有“有尊严的告别空间”，是作为对停放逝去的人的建筑的责任。

日本的NK牙科整形诊所则是将对患者自身行为的分析，作为整个建筑设计的出发点，同时将内部环境与城市景观相融合。作为近些年兴起的美容行业同样也是将营造更加温暖舒适的内部空间作为设计的重点，人们在关注整体形象的同时，开始更加在意细节。成都容德医

院也是在建筑室内空间表达出对使用者的疗愈关怀，整体的空间氛围与局部细节都贯穿了这一理念。而比萨温室年轻精神病女性患者照料中心，则是通过坐落于一片圣栎林中的温室意象，给疗愈患者提供了恢复生活的信心与信念。维罗纳博尔戈特伦托医院同样也是运用独特的方式，进行医疗建筑内部空间氛围的创新与塑造。中国台湾分子药局则是在近年来概念大热的药店类型建筑的设计风格上，表现出对于传统药局布局与装饰的革新，开启创新性的客户体验。日本佐贺县道祖元街诊所则是通过对公共空间的全新定义，来表达对疗愈新生活的憧憬与期望。

建筑在新的时代怎么样才能更加贴近时代的脉搏？毫无疑问，更贴近人们新生活的设计，将是更加能跟上时代的建筑。它们运用全新的空间概念，更热情的公共空间表达，以及更贴近人本身的温情，为未来面向新生活，提供了很多值得思考的范例。

∧ 围墙花园图

Morgue at Norrtalje Municipal Hospital

富有尊严的告别场所

——诺尔泰利耶市医院太平间

项目名称： 诺尔泰利耶市医院太平间

项目地点： 瑞典斯德哥尔摩省诺尔泰利耶市

建筑面积： 700m²

竣工时间： 2015年

设计团队： Link-Arc建筑事务所

项目摄影： 林德曼摄影公司（Lindman Photography

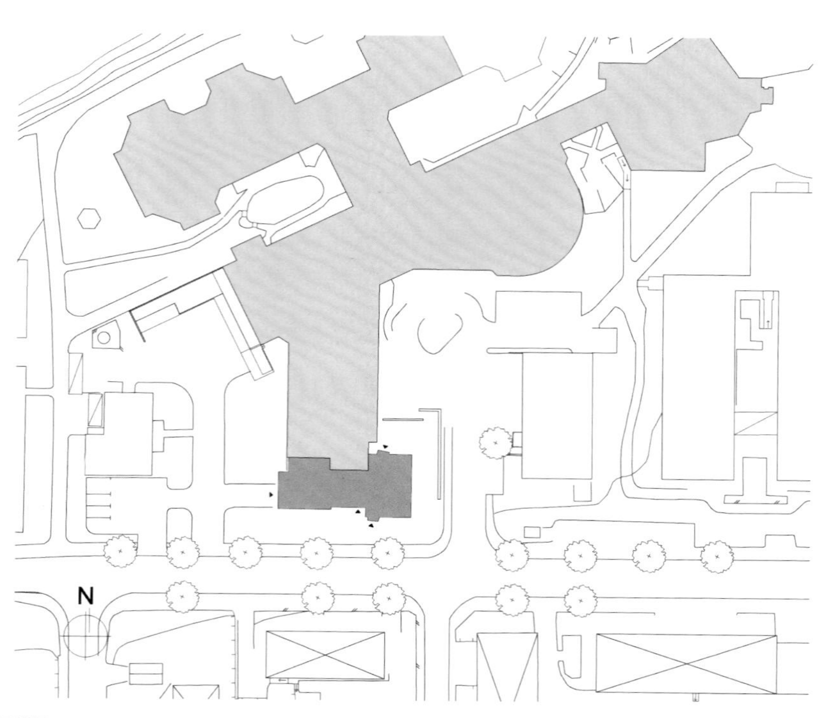

∧ 项目区位图

∧ 建筑转角砖石纹理变化

∧ 建筑外立面图

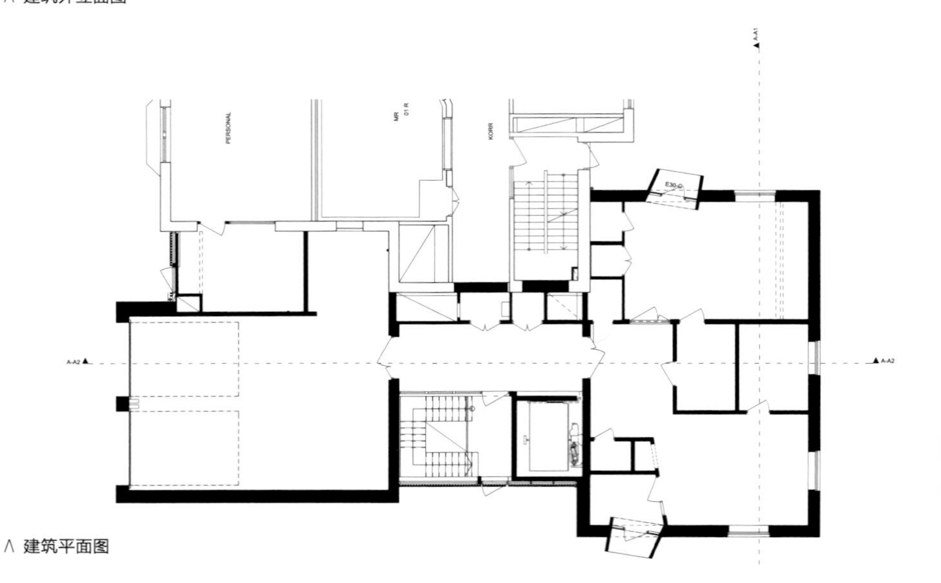

∧ 建筑平面图

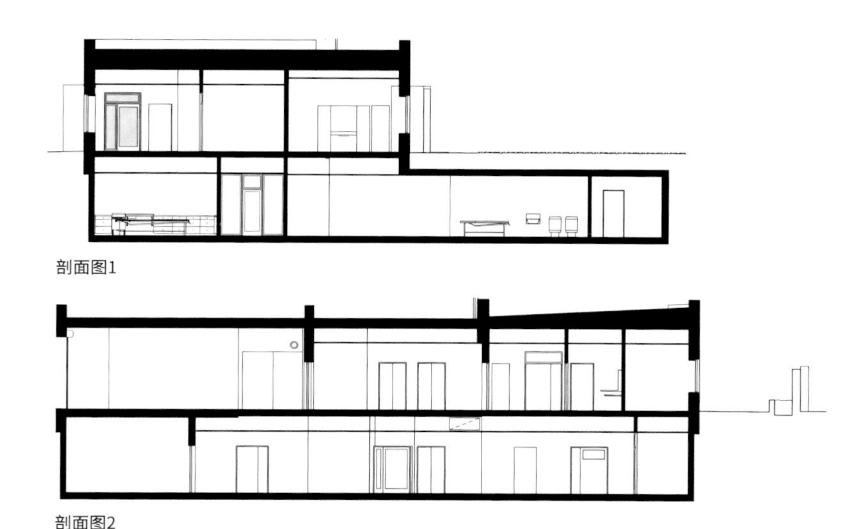

∧ 建筑剖面图

项目概述

诺尔泰利耶市医院太平间已于2015年2月完成，它是在医院原有功能基础上的延伸。在整个项目中，有两个重点考量：一是在非忏悔式的环境里创造出可以告别死者的氛围的可能；二是通过打造一条连通原医院的功能流线，为医院员工创建一个良好的工作环境。

这个新的太平间位于诺尔泰利耶市医院的主楼的一端，这里不仅地方狭小，而且各种服务功能，如供暖、电力和水管道等混杂在一起。但是，这块区域却是医院最好的位置，而且殡葬业者可以从医院区域后方进入这里。

局部介绍

（1）告别的空间不只有告别

由于场地的狭窄，空间设计必须高效而且尽量让人有开阔的感觉，于是设计师采用了地下空间大于地上部分的解决办法。设计师对这里来访人员和停尸流线进行了别出心裁的设计。来访者一般从街

∧ 建筑立面图

∧ 建筑门窗洞口图1

∧ 建筑周边环境图

上进入建筑，从建筑中通过，出来后进入一个围墙花园，在回归到“每天的生活”之前可在此短暂停留一段时间。建筑的内部空间主要通过天然材料，如砖、石灰石和桦木薄板进行装饰。其目的是创造一个轻松、宁静而又非宗教的氛围，让家属与去世的家庭成员进行告别。

（2）建造的手法和光影的契合

该建筑自身极简主义的风格，与周围环境的对比是明显的，现有的背景建筑比太平间的颜色更浅一些，但是这种对比给人一种和谐的感觉。同时，功能也同样受到了影响，除了车库门外，设施没有其他的出口。

车库使用传统的跑道砖铺设，接口平坦，外观给人一种纯粹、简练的感受。与此同时，通过对角反复凸凹设置的方法，增强了砖这种材质的表现力，这种砌筑方法是丁砖砌合法，就是上下层用丁砖二分之一的宽度取代的砌筑方法。这部分在墙体上表现为深凹进去，建筑给人的感觉就像是在对着观众的眼睛说话。

这个地方是为故者的家属而建，精心设计的砖砌结构让建筑具备了纺织物的感觉，增强了建筑的亲密感和深邃感。从面向大街的主入口到对面的封闭花园空间，相同的手法贯穿整个设计。

丁砖砌合法让光和影在房间的另一侧墙上互相作用，随意的砖砌图案中传递出和谐的感觉。门

∧ 建筑外立面图

∧ 建筑门窗洞口图2

框与窗框采用了抛光混凝土。无论是外部和内部的外墙都被砖包裹，白染灰板包住了观景房，里面配有砖浮雕墙和天窗，它们共同凸显出花纹般的效果。外面，观景房被一个小花园环绕——这是一块沉思之地。太平间内其他的功能场所主要在楼下，那里的环境彰显着更为传统的医院特色。

深砂石包层的窗户穿过观景房两侧的墙壁，从内向外创造出平衡的空间，兼具隐私与充足的视野。

∧ 建筑细部设计图

∧ 室内砖饰面纹理1

（3）有尊严的告别空间

该建筑给人整体感觉是人性化、功能齐全，它为逝去者的家属提供了一个真诚告别的场所。这样的功能分布有助于提供更好的服务，同时不对场所的环境造成影响。与医院相关的功能大部分通过地下室连接，以简化的方式提供交通服务，为了让家属适度平静，将医院的空间需求与建筑使用者的空间分开。简单的尸体解剖以及防护罩和防腐处理可以在地下室进行，而地面拥有很多小型的隐蔽房间，可以容纳参观、等候区域，并可供那些期望见到医院牧师的人们使用。

业主建造这个建筑的初衷是创建一个非宗教的建筑，让人们在这个场所为故去的人作一个有尊严的告别，并在建筑空间中感到平和和尊重。让访客身处有情感的空间环境中，使得地下室和地上空间之间的功能安排十分具备挑战性。因此，地上地下功能面积差距过大，设计者让地上的小花园拥有更多的空间，在这里家庭成员可以在隐蔽的围墙内聚会。

以尊重失去亲人家属的各个方面感受为概念核心，建筑的整体风格设计得到认真的贯彻。停尸房简单、灵活，满足不同需求。窗户朝向花园墙，提供隐私和通透性。无障碍花园同时需要隐蔽舒适的感觉，简单的砖墙围住花园。诺尔泰利耶市医院太平间在形式和功能之间达到平衡，同时满足了使用者和员工的需求。美丽在建筑的内外都得以体现，并将周围的所有元素与环境和人连接在一起。

∧ 室内砖饰面纹理2

∧ 室内砖饰面纹理3

∧ 建筑外景

NK Dental Plastic Surgery Clinic
不对称设置的拱形门
——NK牙科整形诊所

项目名称： NK牙科整形诊所
项目地点： 日本爱知县
建筑面积： 227.13m²
竣工时间： 2018年8月
设计团队： 1-1建筑师事务所（1-1 Architects）、寺户辰巳结构工作室（Tatsumi Terado Structural Studio）、丸町住宅有限公司（MARUCHO HOME Co.Ltd）

项目概述

项目基地呈较规则矩形，北侧毗邻4车道的高速公路，南侧与4m宽道路相邻，场地内建立起了这栋专门从事牙齿整形与儿童口腔的牙医诊所。

设计师考虑到患者的感受，认为牙科诊所应

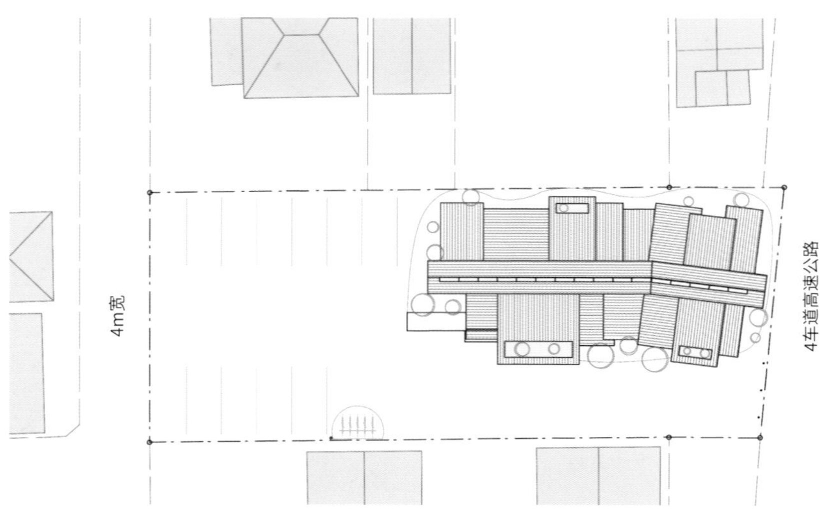

比例：1/500

∧ 总平面图

该根据人们不同的需求来设置不同的功能流线。例如，从进入诊所的接待行为开始，到病人治疗过程结束后的付款行为为止。为了将患者的行为动线转化为建筑本身的结构，建筑师将诊所的每个房间都视为一个行为节点，并将串联节点的路径转化为通道。

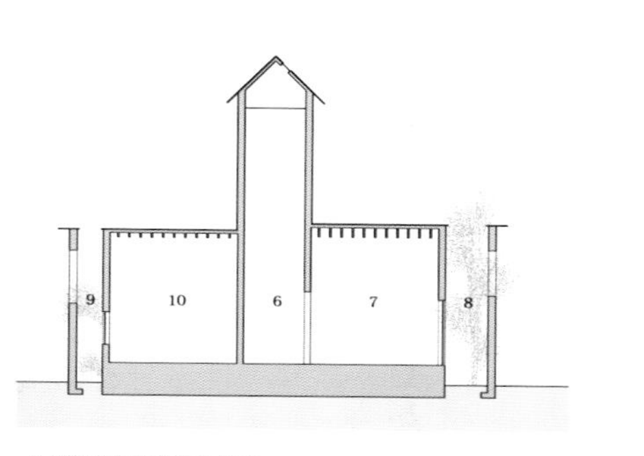

1. 防风间
2. 儿童房
3. 病例储存室
4. 接待处
5. 卫生间1
6. 走廊
7. 候诊室
8. 庭院1
9. 庭院2
10. 会诊室1
11. 会诊室2
12. 库房
13. 咨询室
14. 消毒室
15. X光室
16. 会诊室3
17. 会诊室4
18. 会诊室5
19. 会诊室6
20. 庭院3
21. 卫生间2
22. 机房
23. 主任室
24. 心肺复苏术
25. 医务室
26. 露台

A-A'剖面图比例:1/500

0 1 2 5(m)

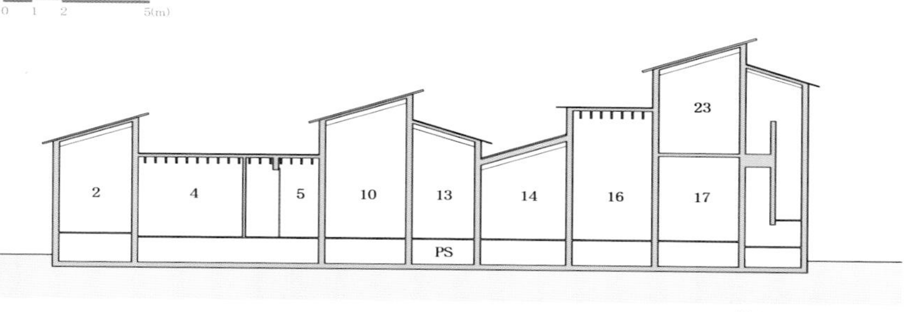

B-B'剖面图比例:1/500

0 1 2 5(m)

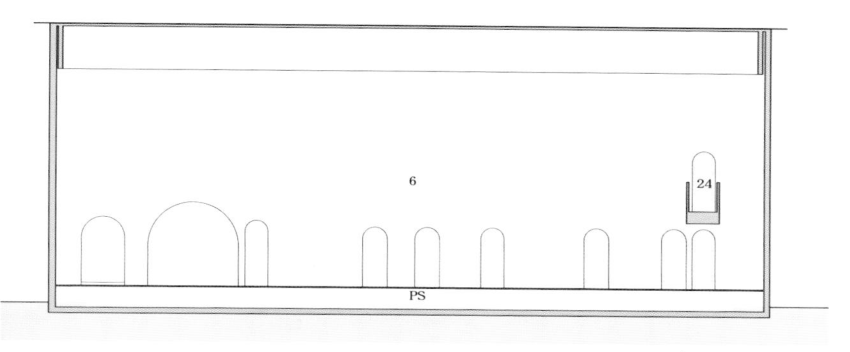

C-C'剖面图比例:1/500

∧ 剖面图

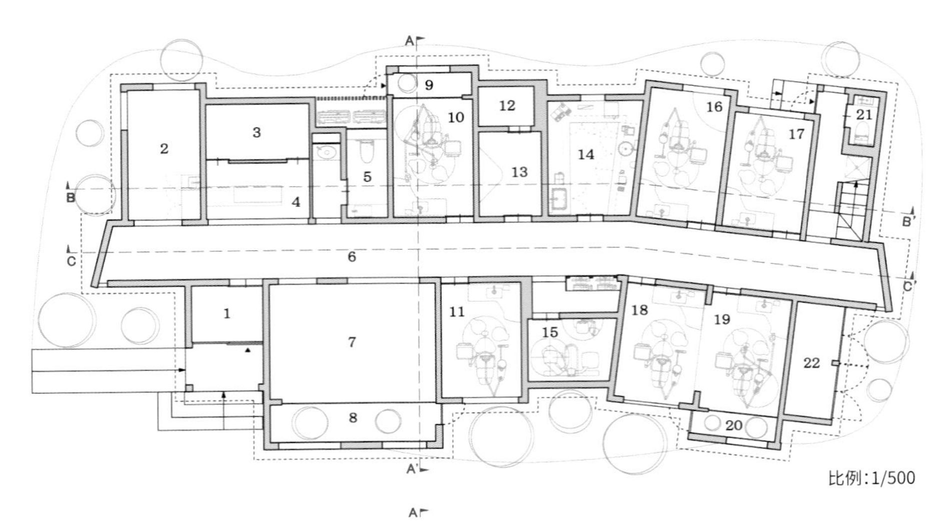
A
9
10
12
16
21
3
17
2
14
13
5
B
4
B'
C
6
C'
1
11
18
19
7
15
22
8
20
A'
比例:1/500
A

∧ 一层平面图

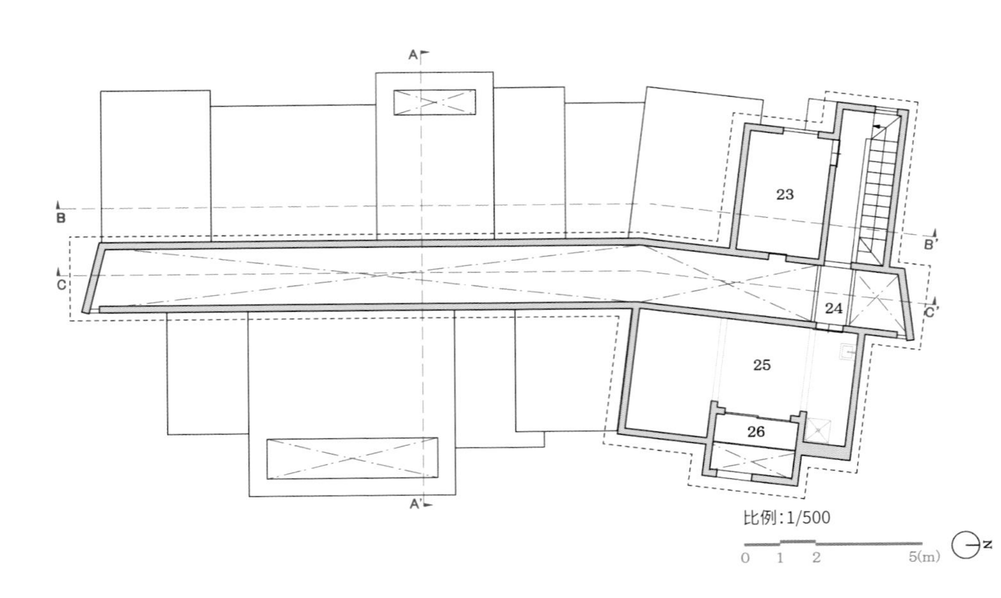
A
23
B
B'
C
24
C'
25
26
A'
比例:1/500
0 1 2 5(m)
N

∧ 二层平面图

∧ 拱门赋予建筑丰富的空间体验

∧ 光强度在不同廊道空间的变化

∧ 丰富的室内外空间感受

在建筑物的中心设置长廊，并在建筑物的两侧布置功能房间。

在走廊内，粉刷白漆的顶棚明亮通透，走廊尽头以一扇拱门结束，赋予空间最大的延展性。并且，走廊上空屋顶的开窗设计，让廊道空间可以感受一天中自然光线的变化，仿佛身处亦内亦外的空间当中。同时，为了防止过度考虑功能房间私密性而导致的空间封闭感，从而做了建筑物中心顶部洒下的自然光能自然透过房间的设计。

局部介绍

空间与环境移步换景。空间通过绿色植物、光的强度与建筑空间的变化来影响患者与工作人员。建筑与自然融合的多种形式，也让使用者得到更多非同凡响的体验。

∧ 建筑与环境产生的内外交流

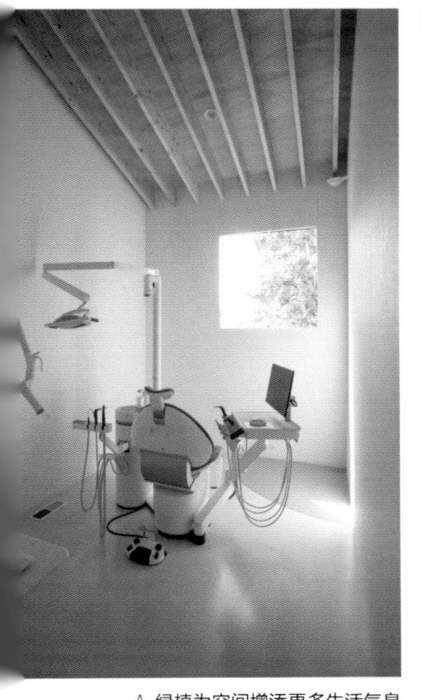

∧ 绿植为空间增添更多生活气息

建筑师在过道与房间之间设计了拱门。身处过道中的人知道房间是敞开与开放的。此外，重复的拱形图案与高耸的走廊被共同赋予了“塔”的意象。在深色金属涂层门框的对比下，空间随光线而发生变化，患者穿梭过道，通过拱门来到就诊空间，如同通过拱门从塔里“释放”出来一样感受到别样心理体验。

从外观看，通道部分在平面与立面的突出，保证建筑与周边场所的对话。与此同时，较为低矮且错落有致的附属房间，也让整个建筑物在人视角度下感受不到任何压力与不协调感。建筑内部与外部之间通过庭院围合创造过渡空间，既保证了就诊区域的私密感，又始终让使用者感受到自然。

∧ 建筑外立面

Beauty Salon in the "Cave" Natural Beauty Salon in Yushan Road

"洞穴"中的美容院

——自然美美容院上海羽山路店

项目名称： 自然美美容院上海羽山路店
项目地点： 中国上海市浦东新区羽山路
建筑面积： 170m²
竣工时间： 2019年9月
设计团队： 多棵设计 / 陈曦、李蓉、蓝兰
项目摄影： 肖洒

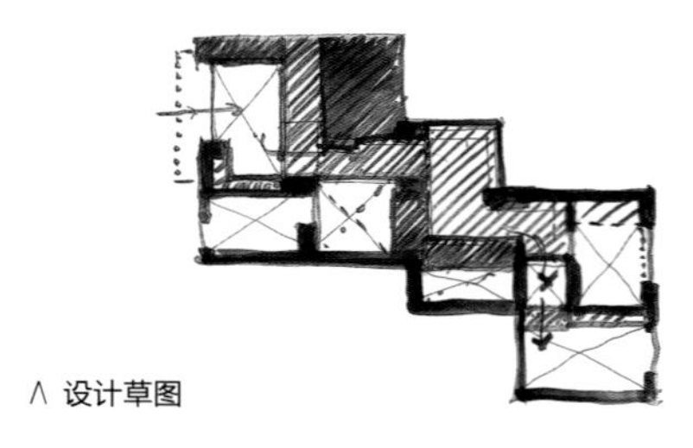
∧ 设计草图

项目概述

自然美美容院上海羽山路店是一个改造设计，项目位于一个繁忙的十字路口侧，由原本的美发店改造而成。在改造设计当中面临的最大挑战，就是如何在一个相对嘈杂的临街店铺中创造一个适宜、安静、私密、放松的空间。美容院内部设计不仅需要售卖美容护肤产品的开放空间，还需要对私密性要求较高的隐私空间来进行护理等项目。

1. 前台接待处
2. 肌肤诊疗室
3. 员工休息室
4. 休息等候区
5. 贵宾房间
6. 卫生间

∧ 平面图

∧ 前台接待

∧ 接待空间1

∧ 过道1

∧ 室内过道1

局部介绍

（1）设计灵感来源

在空间上，设计师创造了一系列类似“洞穴”的空间，通过运用不同尺度和材质，层层递进，以达到一种空间私密性递增的效果。

在功能上，得益于建筑内部较高的层高，设计师首先扩大了原有的夹层范围。在最外侧的接待空间旁设置了一个肌肤检测室，而肌肤检测室的屋顶则自然形成了一个休闲平台空间，可供顾客上到夹层后使用。

∧ 室内过道2

Λ 等候区1

Λ 等候区2

（2）室内设计细部

在室内设计中的入口接待空间，设计师运用了竖向木条来强化入口挑高的空间感。人们沿着店铺外水平的街道进入这样的拔高空间后，会起到提振精神的作用。

① 色彩

过道布置较暗的木质地板，穿过过道后明亮米白色空间引导你进入等待区。客人们在进行护理前后，会在这里小憩片刻。地面处理为水中浮岛的意象，整体空间的色调也极为纯粹，光线、硬装、软装的处理都给人一种沉静的感受，让人将外界的喧嚣与疲惫彻底淡忘。

② 尺度

穿过等候空间的过道，进入单独的贵宾房间，是尺度最小的“洞穴”，最为贴近人的尺度，并且房间饰面采用实木板包裹，让人感到格外温暖亲切。

∧ 接待空间 2

∧ 吊灯

∧ 墙体饰面

∧ 过道2

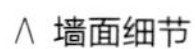

∧ 墙面细节

∧ 房间入口

∧ 地面细节

③ 家具设计

贵宾房间内四壁均设计了暗藏式的储物柜，便于美容产品、仪器等的存放与拿取。

这些逐层递进的空间被放置在一条精心设计的蜿蜒路径上，既是模拟原始人类在洞穴中的私密性体验，又能产生步移景异式的空间感受。

石材、木材等天然材料被恰当地使用在各个空间中，强化了情绪与空间互动产生的静谧氛围。

∧ 房间内

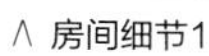

∧ 房间细节1

∧ 房间细节2

∧ 容德医馆外立面

Chengdu Rongde Medical Center

中医药国粹生动的空间叙事

——成都容德医馆

项目名称： 成都容德医馆

项目地点： 中国四川省成都市锦江区小科甲巷一号

建筑面积： 800m^2

竣工时间： 2018年8月

设计团队： 刘靓、刘洋、庞丽媛、宋乐思、王修权

项目摄影： 蔡掌柜

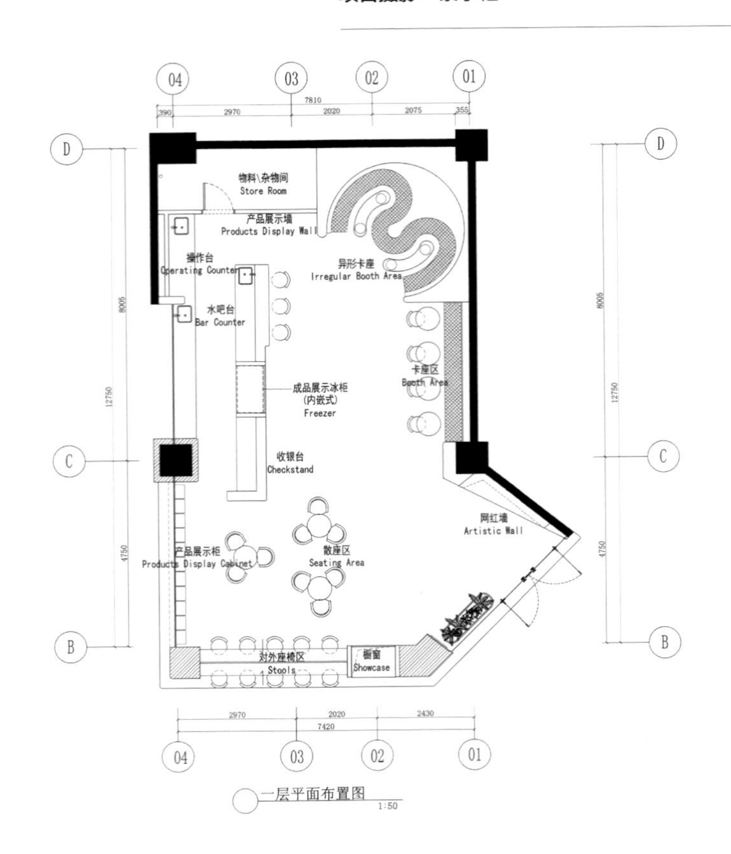

∧ 一层平面图

∧ 绿色的药材橱柜

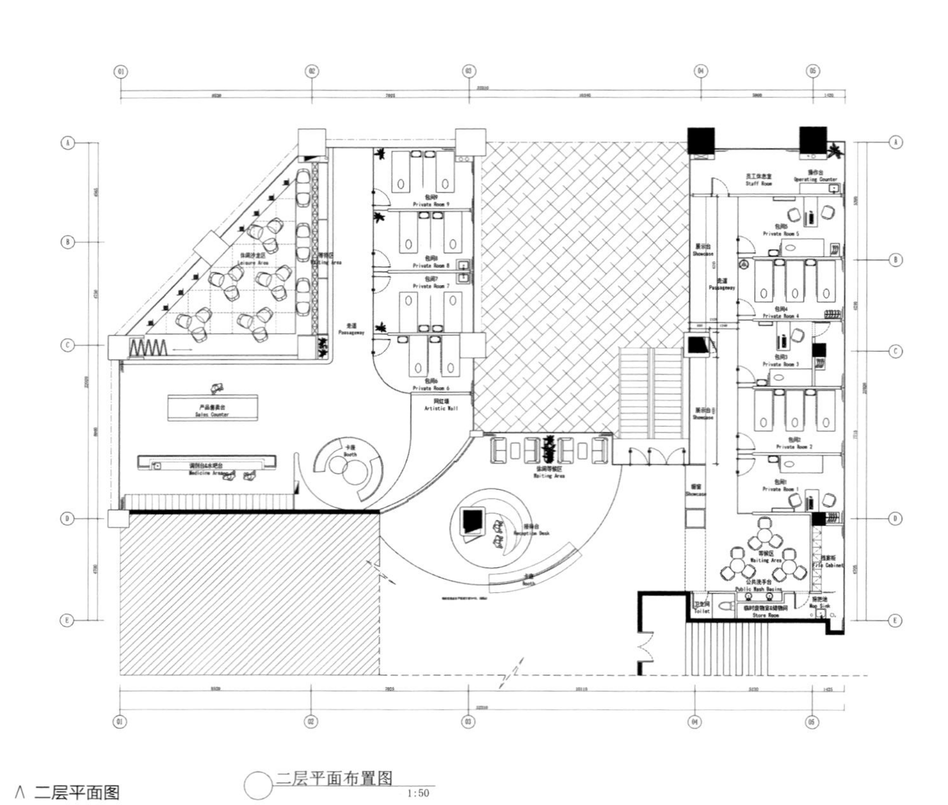

∧ 二层平面图

项目概述

容德医馆位于四川省成都市的时尚地标春熙路附近，区别于一般的传统中医医馆，它生动新颖地映照出这个城市鲜活而丰富的生活。设计从现代人的角度出发，在平衡商业运营和艺术创作的同时，给传统的中医药国粹进行了一次别开生面的空间叙事。

医馆共两层，一层为茶饮区和较为开放的散座和卡座区，以契合现代年轻人喜好的健康茶饮作为中医文化的体验开端，循循善诱，唤起都市人群对于健康的关注和对中医学文化的兴趣。二层为主要的医疗服务区，设置了较为私密的包间。

∧ 建筑外立面

∧ 取药处柜台

∧ 一层中式茶饮卡座区

∧ 粉色的网红墙

∧ 理疗区的半透明玻璃幕墙

∧ 室内大厅

∧ 一层卡座区的沙发和小桌俯视

∧ 二层前台

局部介绍

（1）室内立面

一层卡座区的装修布置与现在深受年轻人喜爱的茶饮店相似，室内以大面积的柔和粉色为主色调，局部点缀清新的绿色，颠覆了传统医疗空间白

∧ 卫生间墙面

∧ 亲子休息区

∧ 植物标本玻璃展示

∧ 一层卡座区的沙发和小桌

色的冷峻印象，拉近了医馆和消费者之间的心理距离。座椅和背景墙描摹出自然的山水意象，配合几何灯饰，形成了天圆地方的对景效果。

除了粉色墙面，设计中还包括粉色的插花窗帘和粉色的灯饰，保持了一致的柔和色调。室内采用了大面积的玻璃幕墙，玻璃幕墙与走廊内的透明灯饰相呼应，透露出精致和时尚。

温婉的粉色与清新的绿色搭配在一起，呈现出和谐的视觉效果。前台的粉色背景传达出服务的亲和态度，减少消费者的陌生感。药材橱柜作为中医药房的标志性物件得以保留在医馆内，并进行了全新的演绎，绿色既符合人们对于植物草本的色彩印象，又为医馆增加了自然的气息。

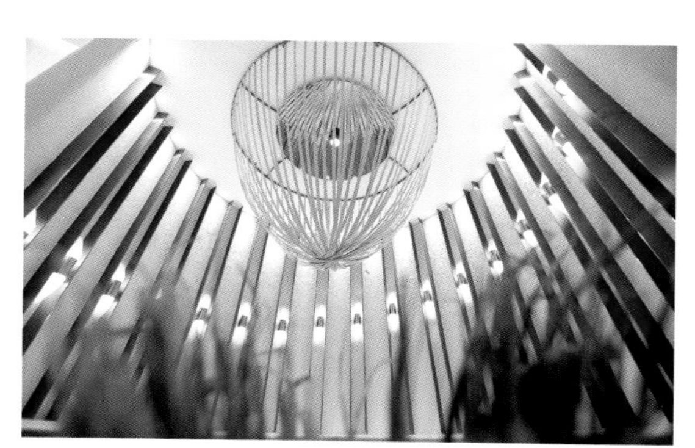

∧ 卡座区上方的灯具

（2）室内软装

室内软装选取了轻奢的风格，皮革沙发和装饰、玫瑰金拉丝镜面、分隔墙面的金属线条、晶莹剔透的灯饰共同营造出新古典的精致质感，素雅的水墨石地面铺装以简约的留白中和了精致感，将整体打造成优雅亲和的空间。

∧ 皮革沙发和装饰、玫瑰金拉丝镜面、分隔墙面的金属线条、晶莹剔透的灯饰组成的卡座区

∧ 随处可见的植物标本装饰，增加了室内的自然元素和生命气息

（3）装饰细节

空间内摆在桌子上的、嵌在窗帘上的、挂在墙上的各类植物标本，作为中医药的重要部分，成为设计的主线，贯穿在“人与本草”的空间情境中，让人时刻感受到自然的魅力。

∧ 卡座区

^ 柔和的粉色室内立面

^ 中药植物标本装置

∧ 房子建造在一片圣栎森林中

Green House Care Center for Young Mentally Ill Women

圣栎森林中的精神家园

——温室年轻精神病女性患者照料中心

项目名称： 温室年轻精神病女性患者照料中心

项目地点： 意大利比萨

建筑面积： 2530m²

竣工时间： 2017年9月

设计团队： LDA.iMdA建筑师事务所

项目摄影： MEDULLA工作室

项目概述

该项目旨在恢复曾用作孤儿院的现有环境，这个场地是圣米尼亚托遗迹中心旁丘陵地区的一部分，房子建在圣栎林中。房子之所以被称为“casa verde”（温室）是因为这源自房子本身的历史和社会价值。

∧ 城市平面示意图

∧ 建筑旁边生长着有百年历史的柏树

∧ 建筑与柏树

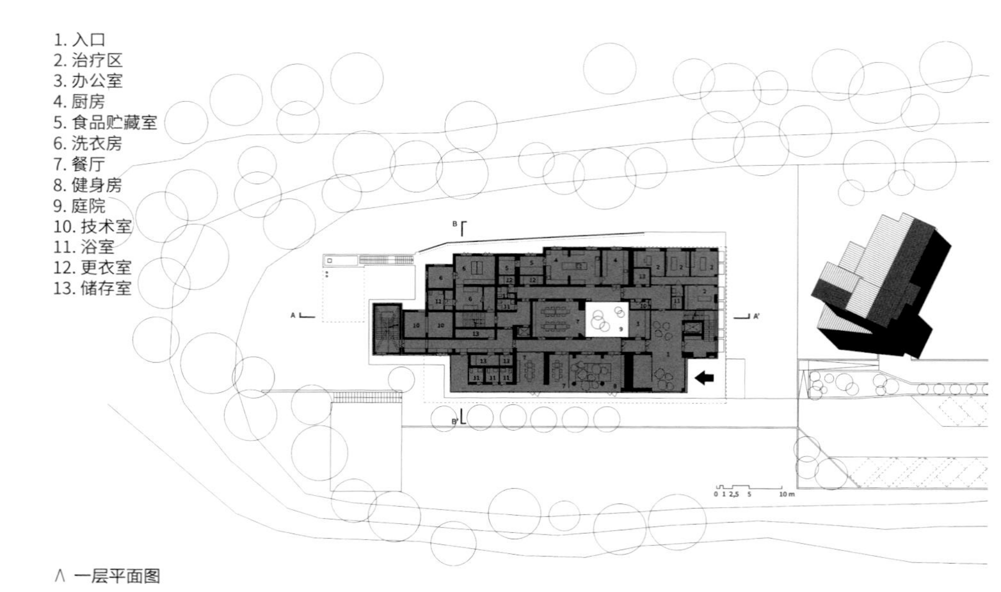
1. 入口
2. 治疗区
3. 办公室
4. 厨房
5. 食品贮藏室
6. 洗衣房
7. 餐厅
8. 健身房
9. 庭院
10. 技术室
11. 浴室
12. 更衣室
13. 储存室
0 1 2,5 5 10 m

∧ 一层平面图

∧ 艺术家绘制的来访“客人”的脸

局部介绍

（1）灵感来源

设计的主要灵感来源是：

通过观察森林，研究不同季节叶子颜色的深浅；

与“女访客”（患者）在玻璃幕墙上创作图案作品；

与城市共享植被，这些植物对于山坡的维护是有用和必要的；

主楼梯需要被自然光照亮；

建筑旁边有百年历史的柏树；

艺术家墨丘里奥通过绘制来访“客人”的面孔，创作了一系列当代艺术作品。

∧ 二层以上的立面选择均匀的绿色调

∧ 建筑周围的植被设置

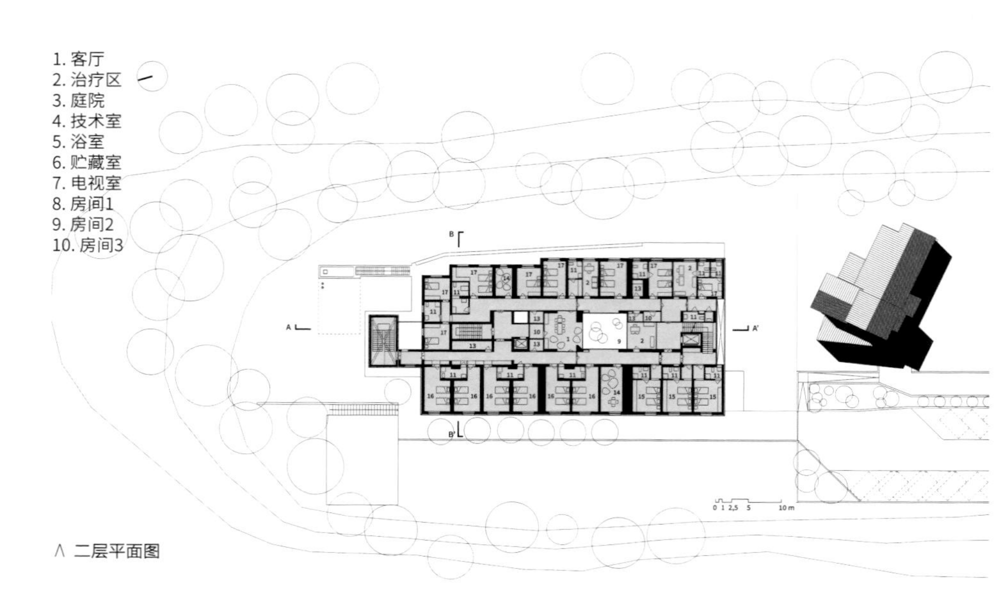

∧ 二层平面图

（2）设计过程

该项目是整体规划的一部分，设计保持了原始环境规划中材料和形状设计的初衷，并强调其与当代文化的贴近和延伸。

（3）形式表达

二层以上的立面选择均匀的绿色调，为的是缓和新建筑与环境的关系，让建筑融于环境，减轻建筑对环境的影响。通风幕墙不仅具有颜色方面的审美价值，而且具有不同层次的展示效果：双微型穿孔板在人的视角太接近建筑物时可以形成一定的透明效果，从远处观看时又有一种厚重感。

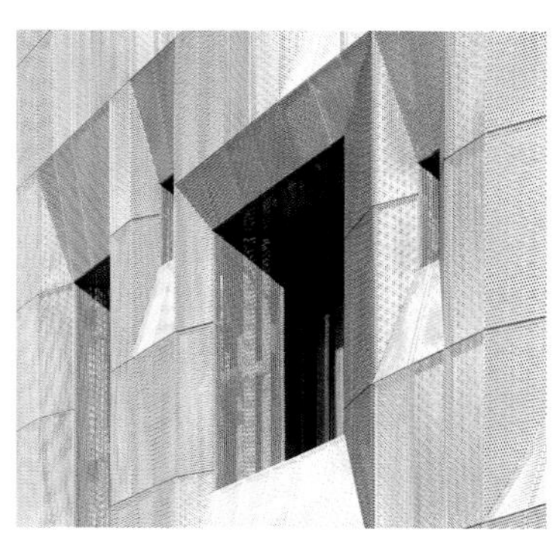

∧ 外立面材质表达1

A – STUDIO DEI PANNELLI/*PANELS STUDY*

Presenze vegetazionali e studio del colore/
Presence of vegetation and color study

Quercus ilex

Ulmus minor

Ligustrum lucidum

Cupressus sempervirens

Tipo di pannello/ *Panel type*	Lamiera esterna/ *Outside sheet*	Lamiera interna/ *Inner sheet*	Pannello completo/ *Total panel*
A			
B			
C			

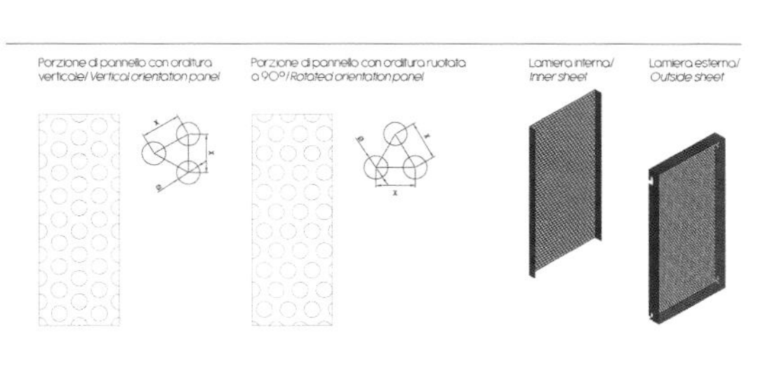

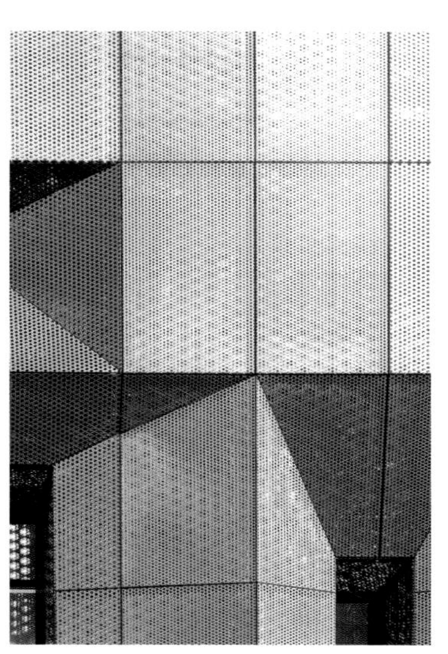

∧ 外立面材质表达2

B – STUDIO DELLA FACCIATA CONTINUA/*CURTAIN WALL STUDY*

Processo di partecipazione ed identificazione empatica/
Participation process and empathical identification

∧ 通过观察森林，研究不同季节树叶的各种色调，与“女访客”（患者）一起在玻璃幕墙上创造图案作品

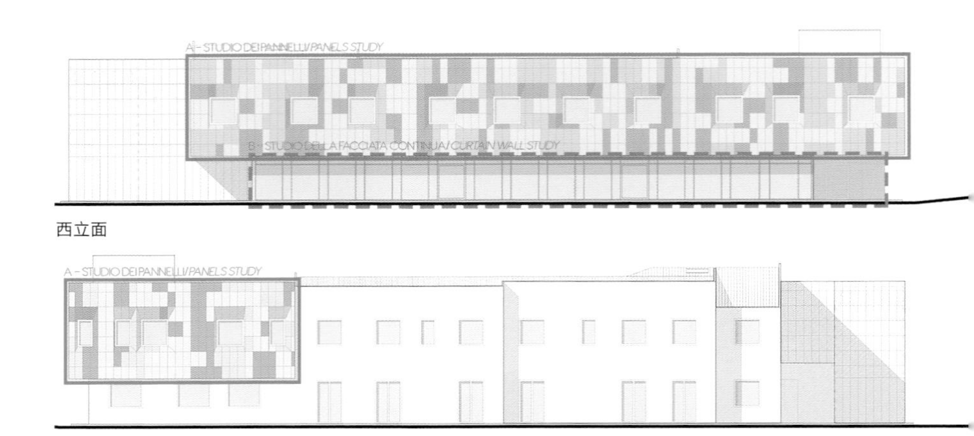

西立面

东立面

∧ 建筑立面图

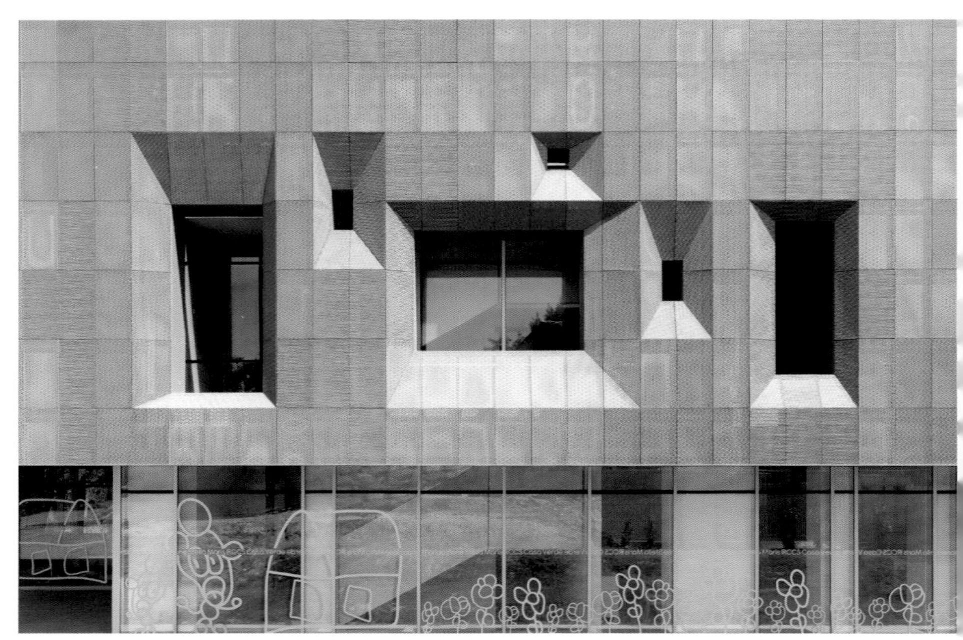

∧ 双微型穿孔板，从远处观看时有一种厚重感

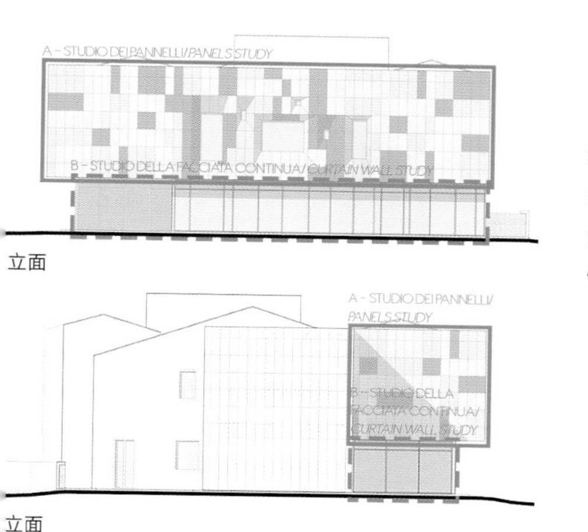

立面

立面

（4）建筑技术

现有建筑的扩建部分采用钢结构和可耐福（Knauf）防水外墙板系统，重量极轻，目的是在不增加屋面自重的情况下保持斜坡的稳定性。双微孔铝立面提高了夏季的能源效应，让建筑沐浴在新鲜的阳光下。通过一些地下建筑保持景观的连续性，将建筑融入景观环境中。

∧ 外立面材质表达3

∧ 二层以上的立面选择均匀的绿色调1

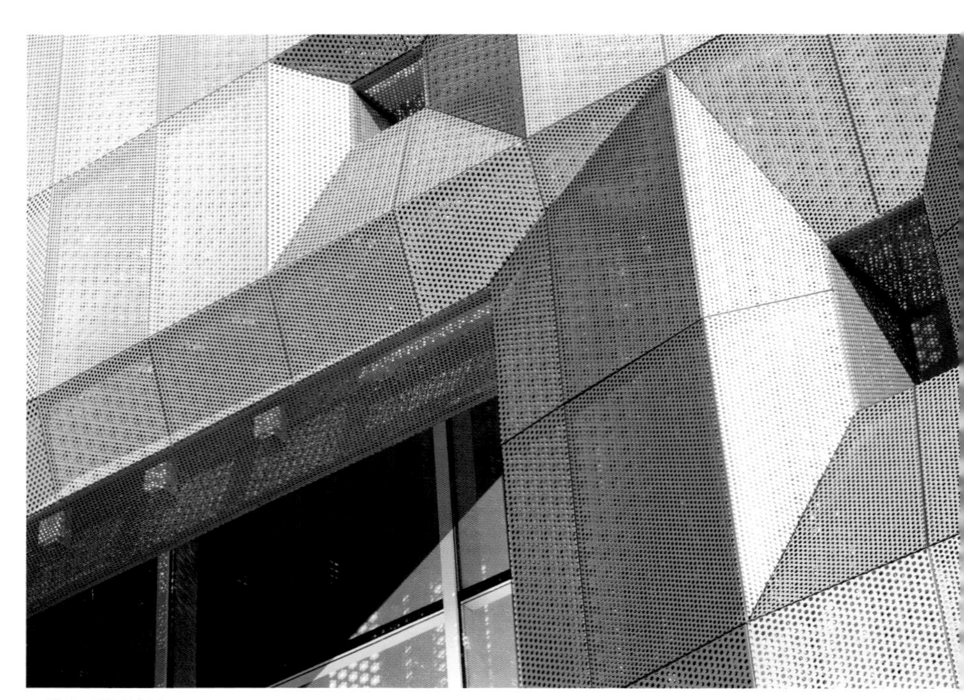

∧ 外立面材质表达4

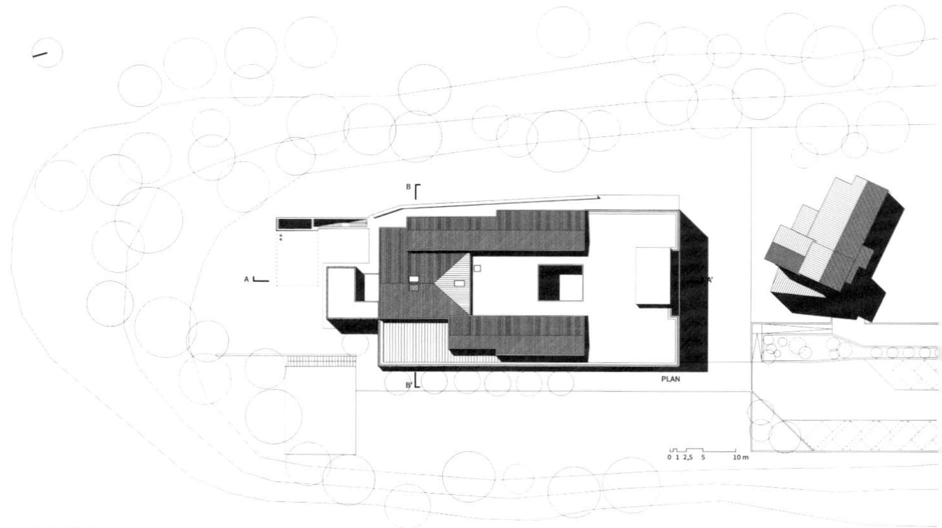

∧ 屋顶平面图

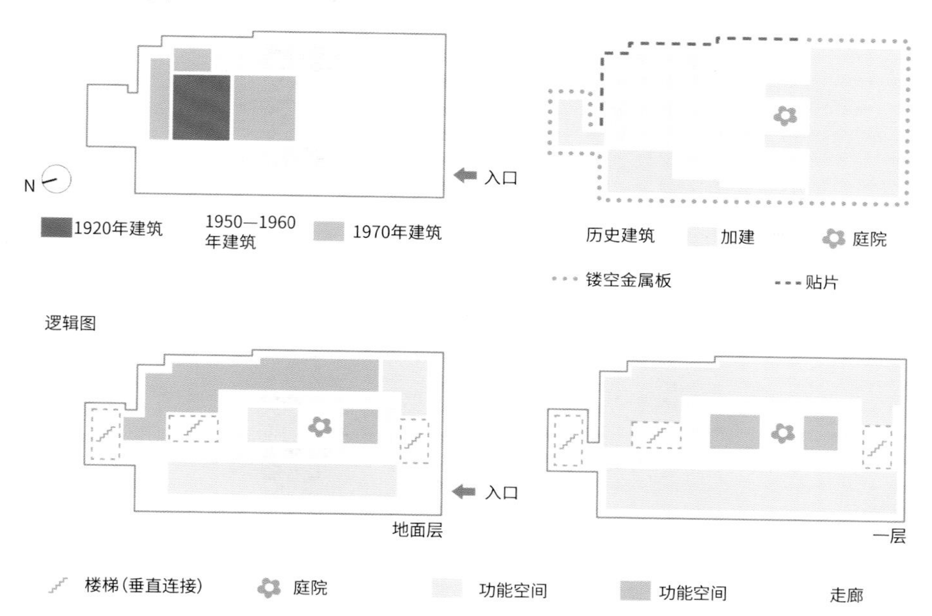

∧ 房子建造过程图示

∧ 北立面

∧ 西立面

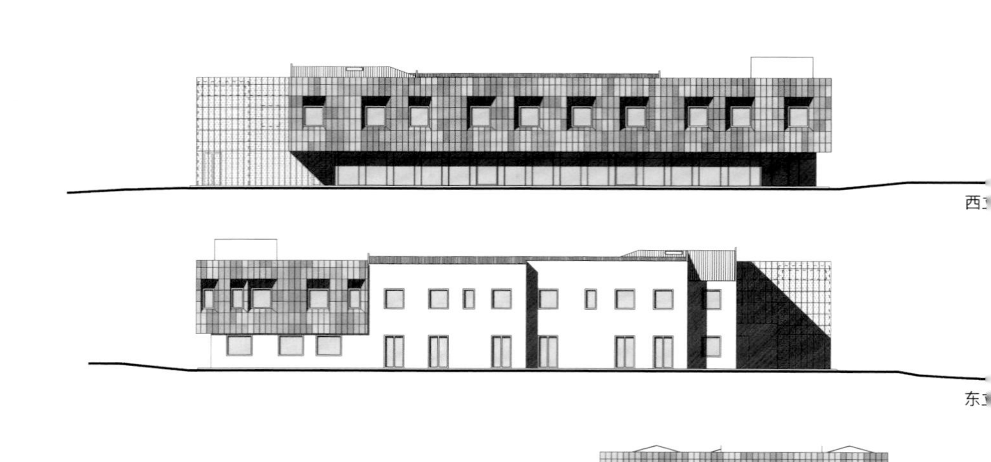

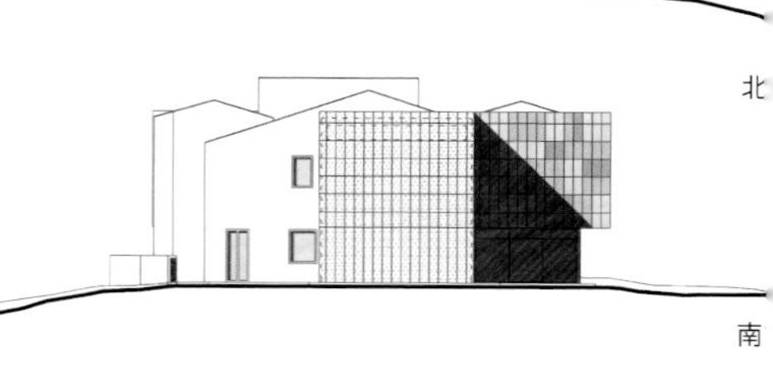

0 1 2,5 5 10 m

∧ 建筑立面图

∧ 二层以上的立面选择均匀的绿色调2

（5）立面造型

带有微穿孔板和窗户的主立面突出了室内外空间的关系：通过微穿孔板过滤的自然光在主楼梯内形成了一个极富氛围的交流空间。主立面上的窗户像两个光学望远镜，一方面可以将老宅外观的历史场景呈现给建筑内部的使用者，另一方面也可以将正在装修的旧农舍的情景收入建筑内使用者的眼帘。

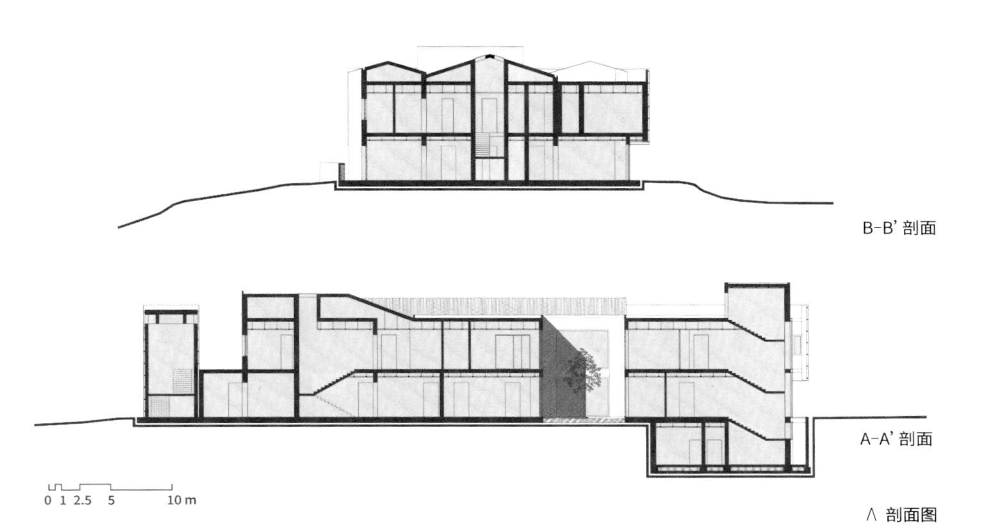

∧ 剖面图

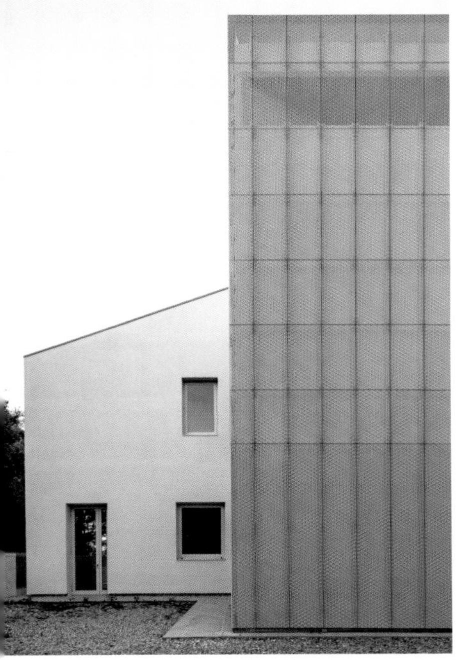

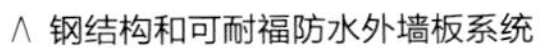

∧ 钢结构和可耐福防水外墙板系统

∧ 内部光线与景观表达

∧ 外立面材质表达5

∧ 微穿孔板立面投影到建筑白墙上形成如画的影子画面

∧ 庭院空间为建筑内部营造更好的景观视点

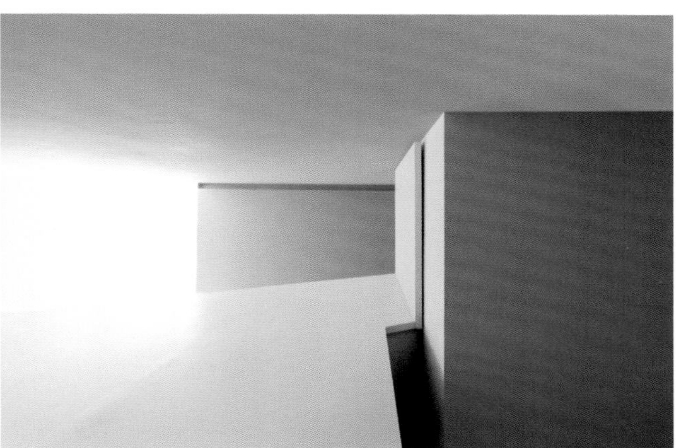

∧ 自然光线在楼梯口处现成独特的光影效果

∧ 自然光在主楼梯内部形成的特色空间

（6）室内设计

室内空间设计追求极简主义，试图重新呈现类似于梳理羊毛的空间感（鉴于神经精神病学研究，这种类型的空间对患者有益）。浅灰色是设计中使用的基本颜色，带有绿色、蓝色和橙色的线条划分出女患者居住的三个不同的区域。绿色、蓝色和橙色也用于家具细节以及墙壁和门上的图标，例如梨和草莓代表餐厅，微笑代表客厅，补丁代表医疗中心等，以确定空间各种功能。

∧ 墙壁上的图标

∧ 门上的图标

∧ 建筑鸟瞰图

Borgo Trento Hospital
高层建筑群中的“新花园”
——博尔戈 · 特伦托医院

项目名称：博尔戈 · 特伦托医院
项目地点：意大利维罗纳
建筑面积：96,300m²
竣工时间：2010年
设计团队：gmp · 冯 · 格康，玛格及合伙人建筑师事务所
项目摄影：马库斯 · 布雷特（Marcus Bredt）

项目概述

维罗纳博尔戈·特伦托医院位于意大利风景秀丽的埃施河畔，是意大利南部的重要医院，也是意大利卫生部政策下专门实施的试点项目，建筑与埃施河美景交相辉映。

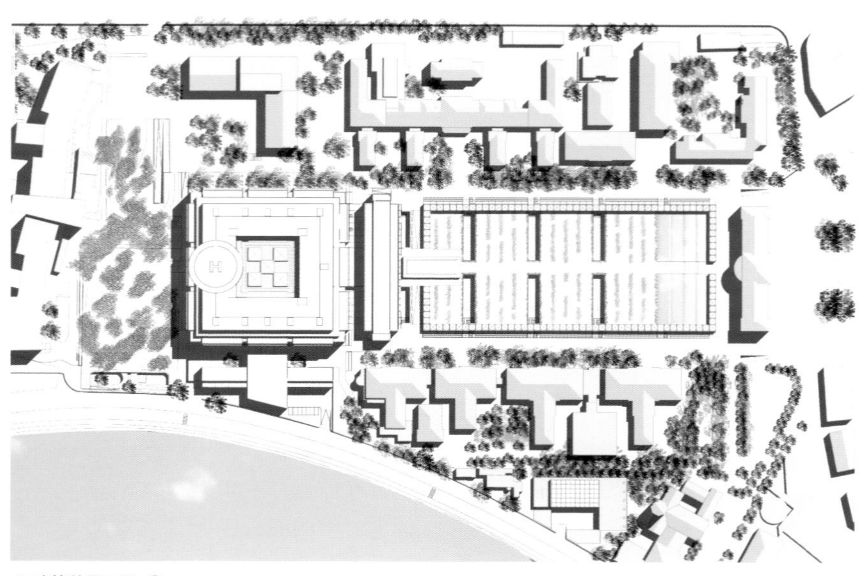

∧ 建筑总平面图 © gmp

∧ 中央庭院外景

∧ 埃施河上建筑的倒影仿佛随波漂荡，博尔戈 · 特伦托医院成为埃施河上健康秀丽的音符

∧ 坐落于市区边缘的博尔戈 · 特伦托医院

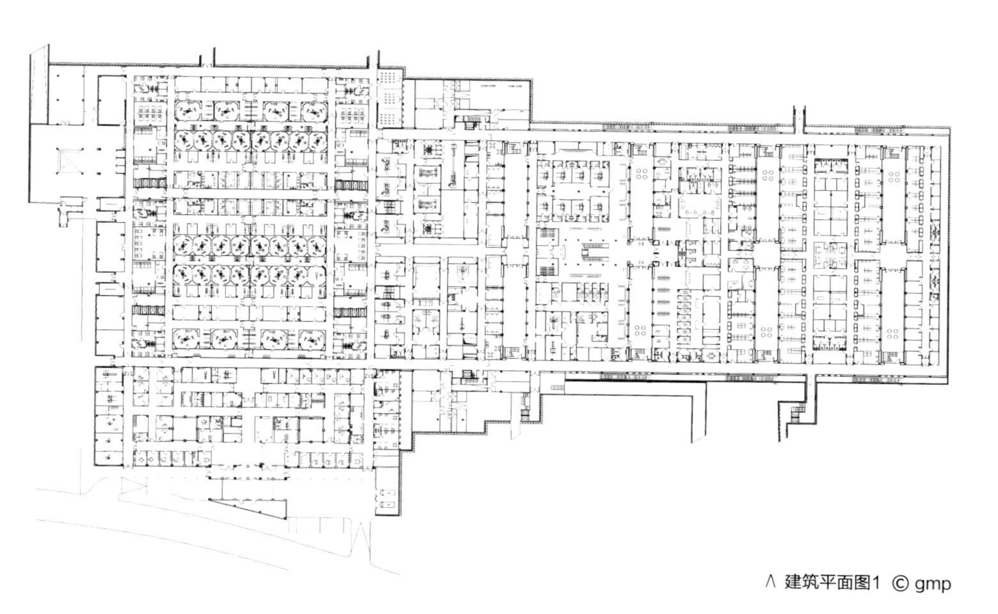

/\ 建筑平面图1 © gmp

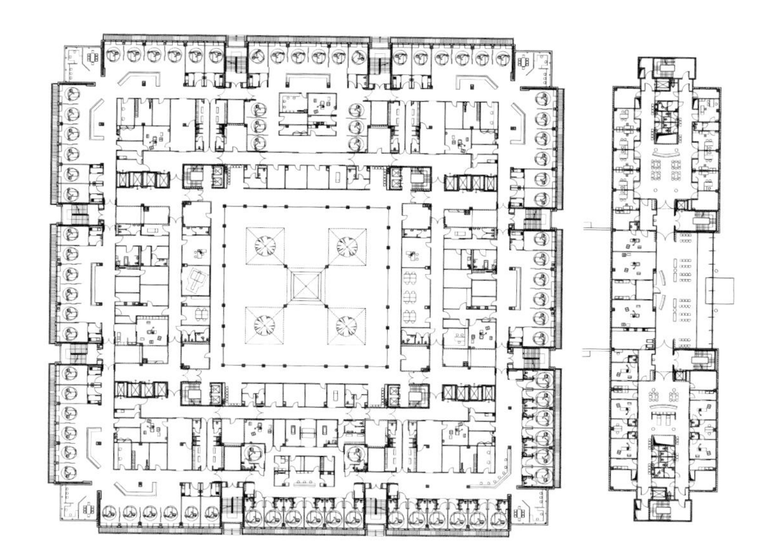

/\ 建筑平面图2 © gmp

∧ 拥有宜人尺度与色彩的建筑入口

∧ 建筑外立面与室外空间1

∧ 建筑外立面与室外空间2

局部介绍

（1）功能组成

医院位于维罗纳南部，靠近市中心，包括新建综合楼群、各医疗科室和日常功能单元组团（包括外科、急诊室、病房、手术室、急诊室、日夜门诊、放射科、公共设施等）。

一期工程将在拥有100年历史的既有医院基地内建设一栋九层住院楼。原有包括不同时期改建和新建形式形成的旧建筑则被拆除，其原有功能将集中在新建筑中。新建医院以服务患者为宗旨的管理模式将更加适应未来的发展趋势，在功能架构、道路交通、日常维护上也将更具优势。

∧ 中央庭院外景

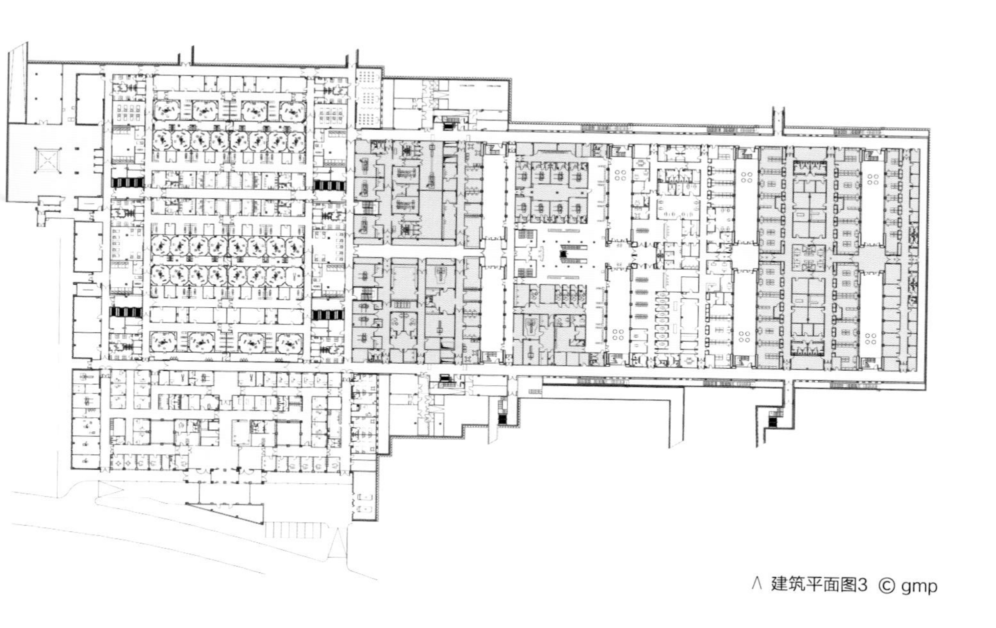

∧ 建筑平面图3 © gmp

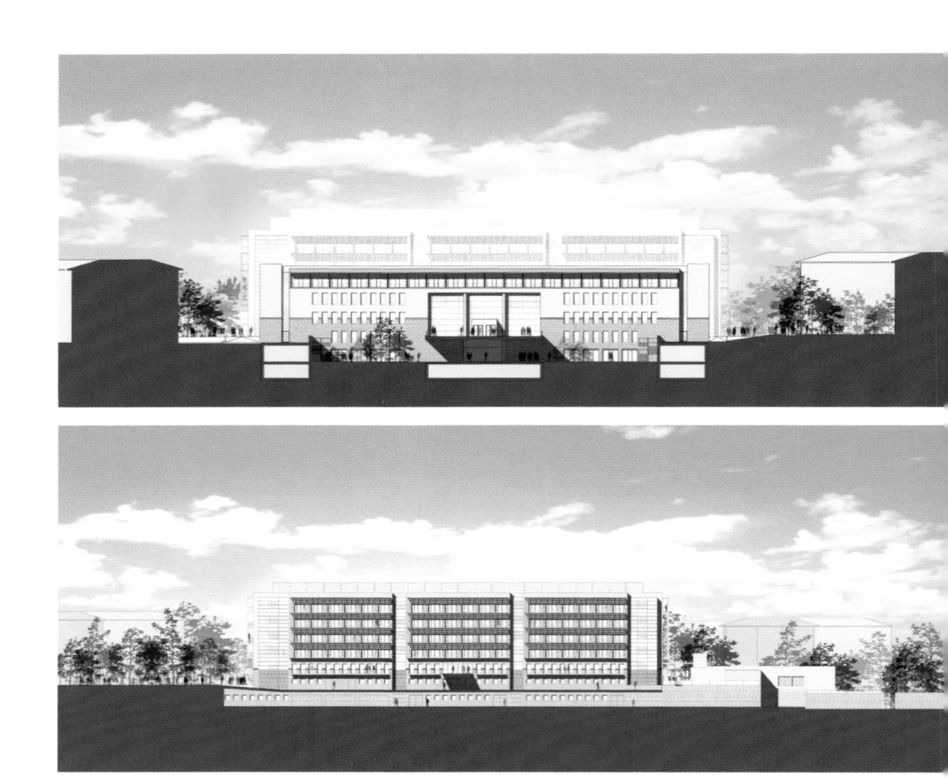

∧ 建筑立面图1 © gmp

二期工程主要为西侧功能区，沉入地下的两层实验分析楼突出体现了设计师的设计理念。

建筑的日常照明是通过一个下沉的中央庭院实现的，通过这种设计方式在密集规划的高层建筑群中形成了一个绿色园林景观“新花园”。

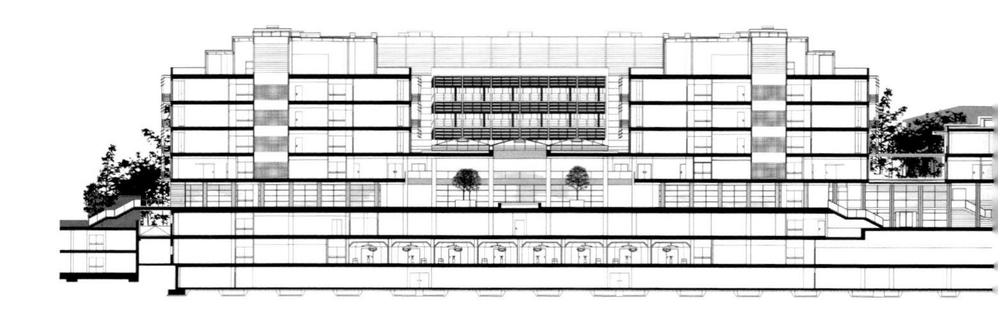

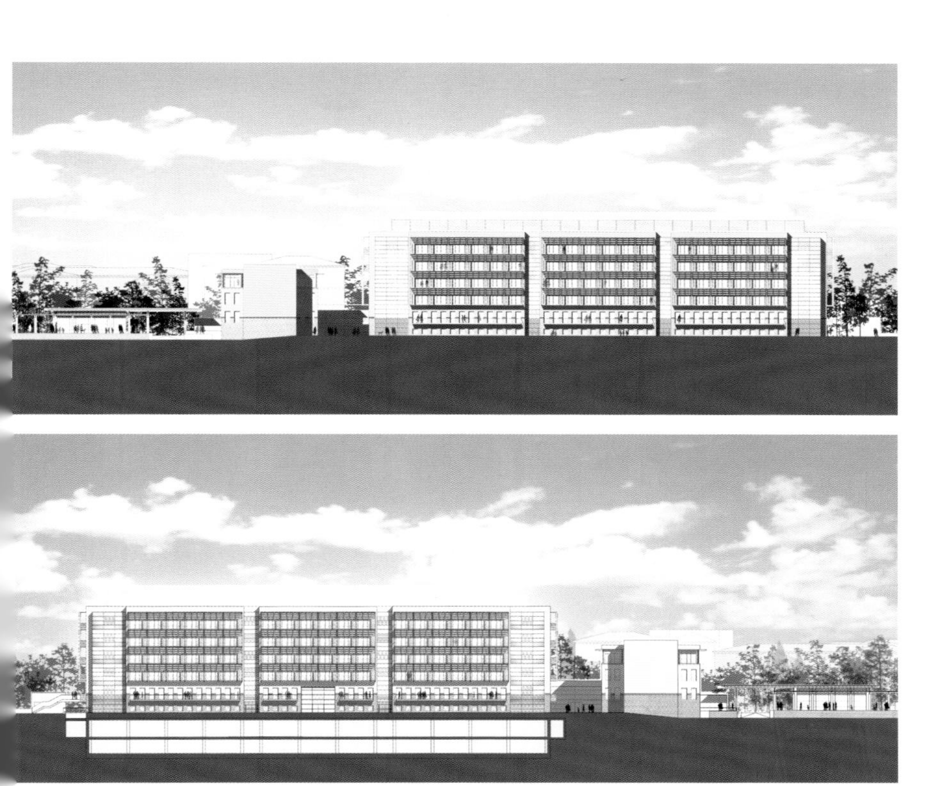

∧ 建筑立面图2 © gmp

作为设计的中心概念，大花园一方面构成了医院地块上新旧建筑之间的绿色屏障，另一方面通过建筑元素的运用（藤廊、楼梯、坡道、桥梁等），营造出宏伟舒适、氛围宜人的花园空间供患者和来访者入住与休息。

医院新建筑群的西侧由四栋建筑组成："波罗"（Polo）楼是一个立方体形的主楼，带有中庭；它包括33间手术室，是意大利最大的手术中心。手术室、急诊室和病房位于大楼的上三层。商店和餐饮设施位于一楼的公共内庭院。

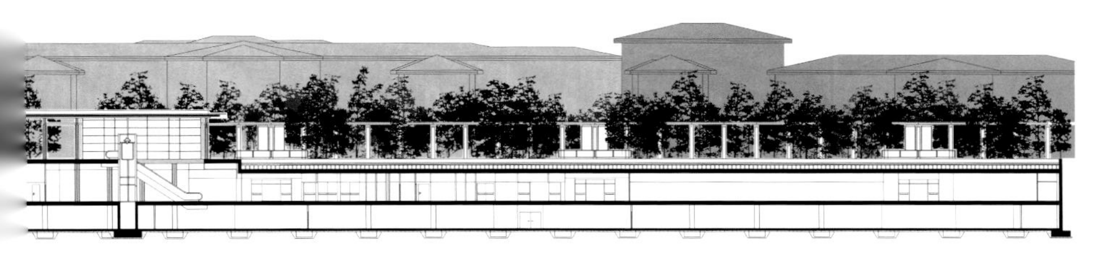

∧ 建筑剖面图 © gmp

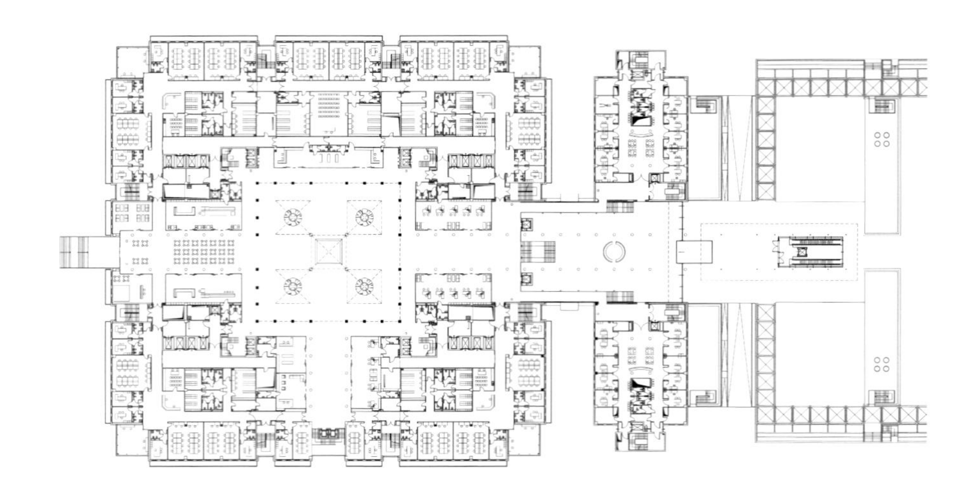

/\ 建筑平面图4 © gmp

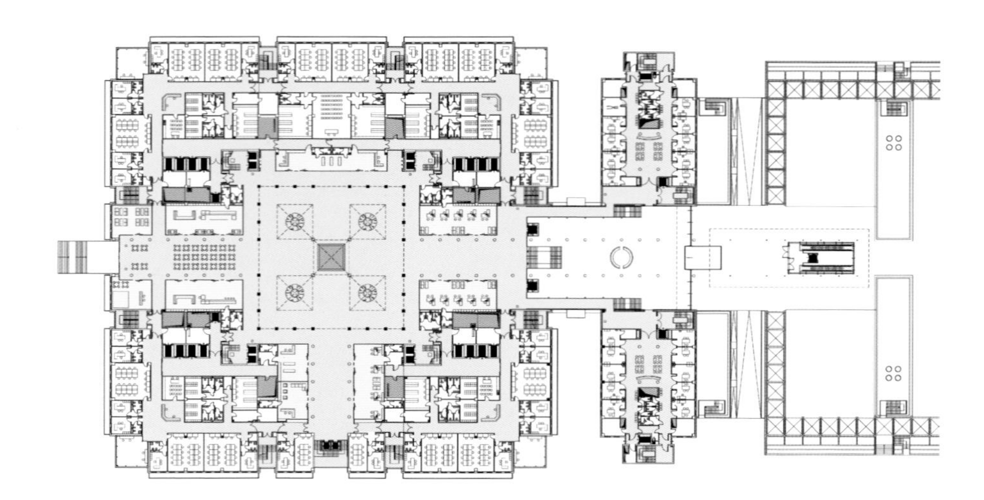

/\ 建筑平面图5 © gmp

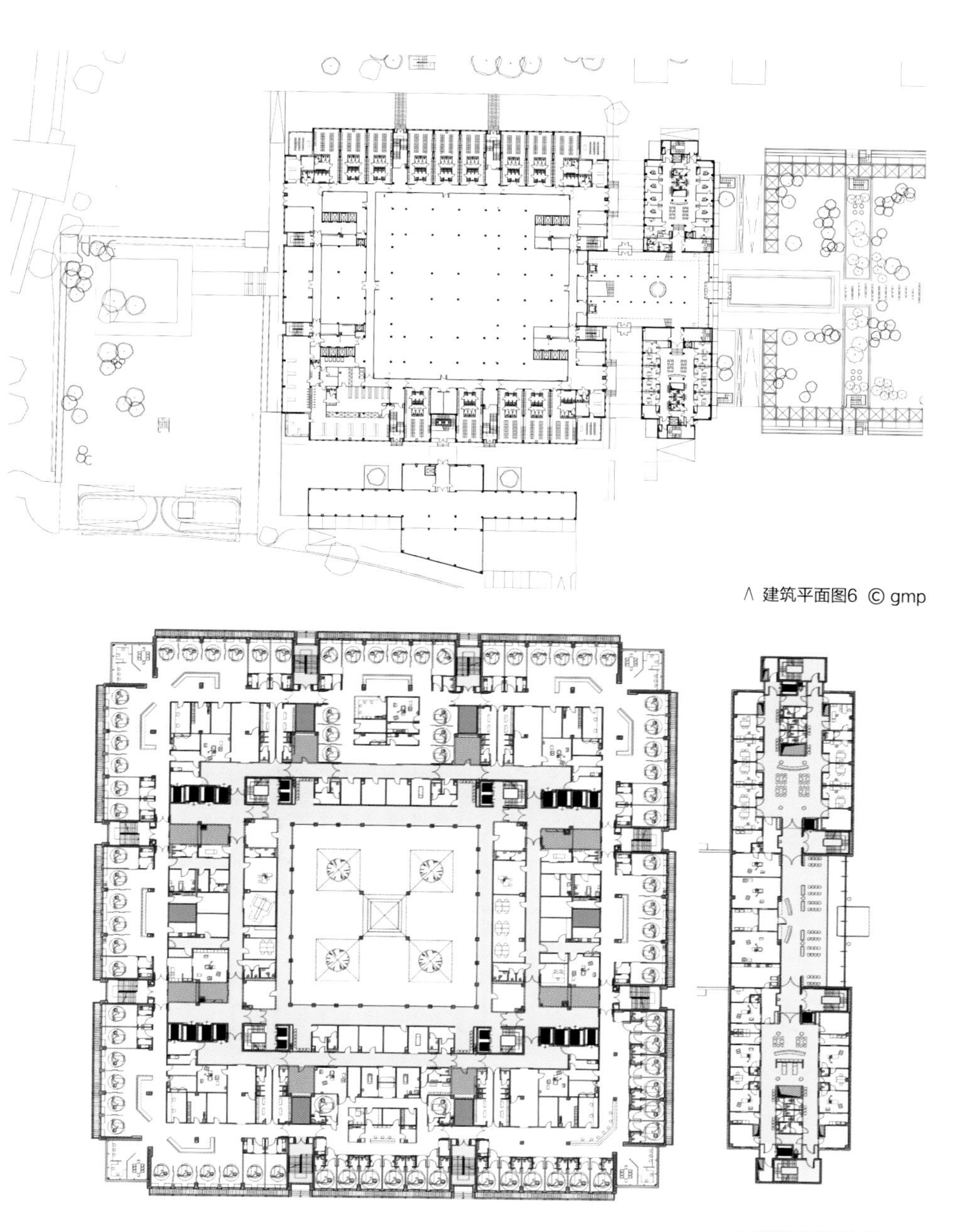

∧ 建筑平面图6 © gmp

∧ 建筑平面图7 © gmp

∧ 门厅室内布置

“门诊部”位于“波罗”主楼前的四层高楼板楼。有一个门厅和具有先进医疗技术的夜间和日间诊所（包括独立手术室）。

“急救中心”是一座与埃施河平行的两层建筑群，也位于主楼的前面，设有急救接待台，可将经过河岸到达的患者直接送往手术区。

除上述功能区外，医院基地另一侧新建了技术支持中心，其规划方案与整体方案一致。

在接下来的两期工程中，将建造“皮亚斯特拉”（Piastra）楼，一座二层下沉式建筑，设有诊疗中心（地下一层有放射科、输血医学室、理疗室、化验室等；地下二层是技术设备室）和围绕建筑物的交通环路，以建立与周围建筑物的联系。

∧ 中央庭院外景

∧ 门厅室内布置

∧ 门厅与内庭院内景

∧ 门厅室内布置

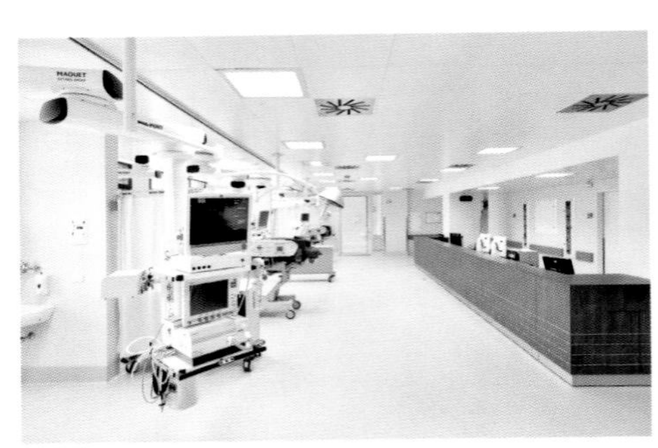

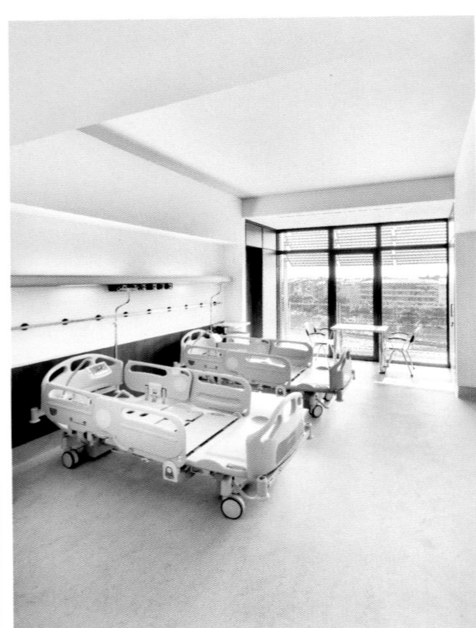

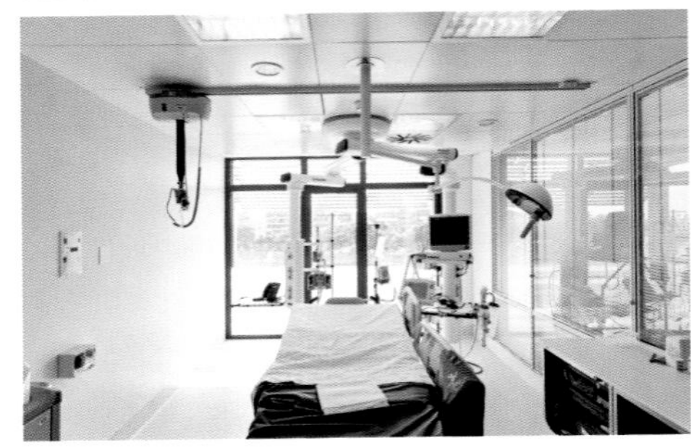

∧ 急诊室

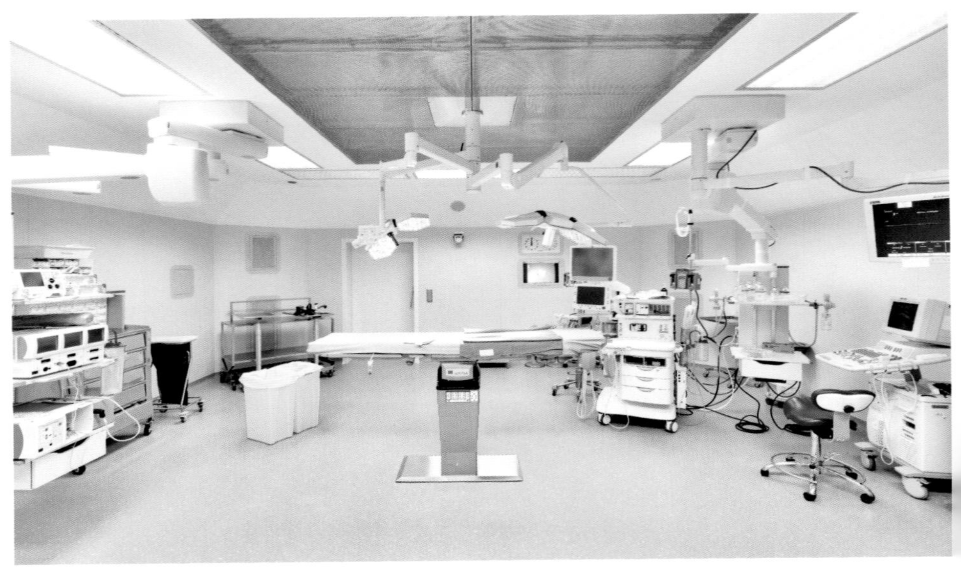

∧ 设备齐全的手术室

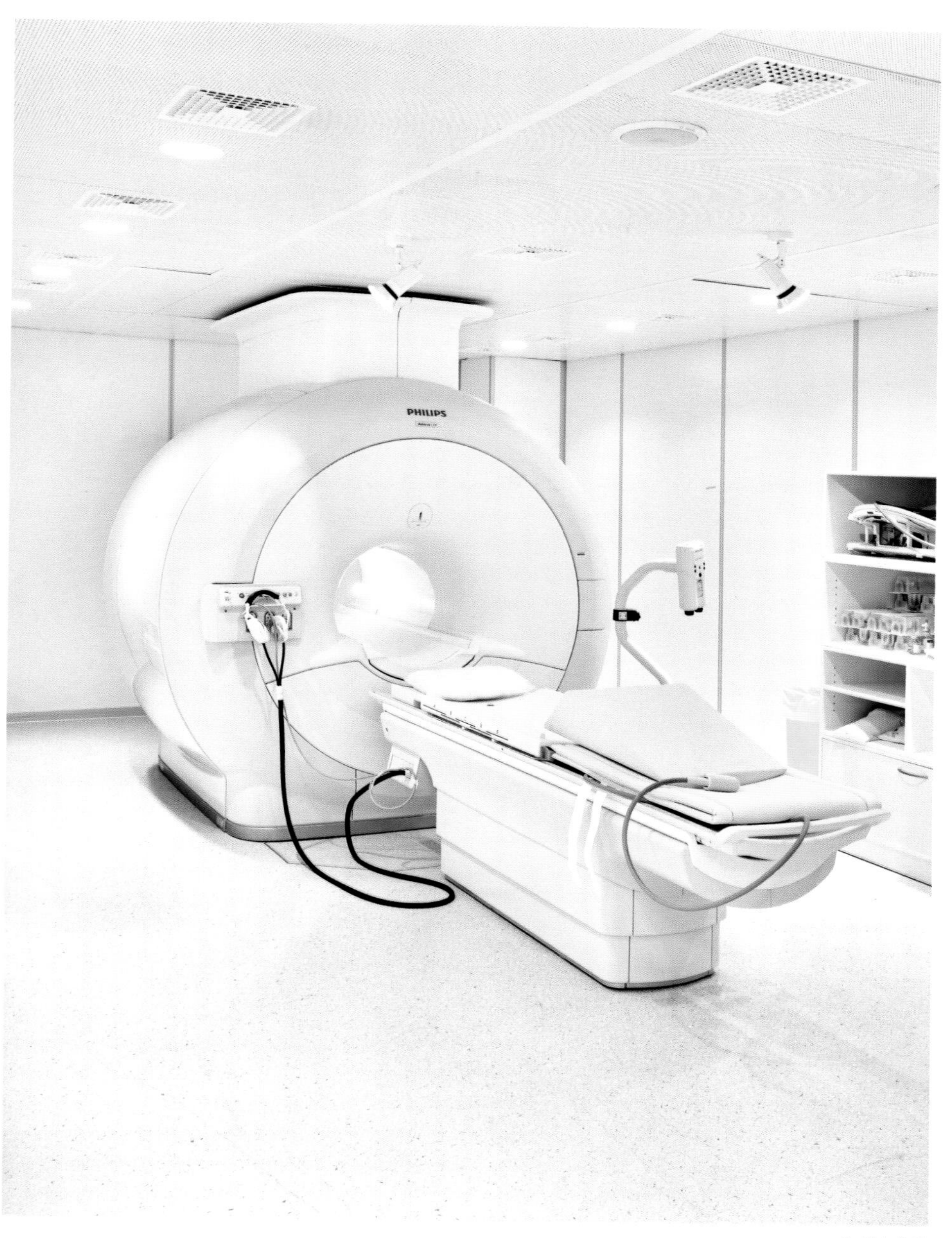

∧ 检查仪器

∧ 分子药局室内实景

MOLECURE pharmacy 分子概念特色药房新空间

——分子药局

项目名称： 分子药局

项目地点： 中国台湾台中

建筑面积： 120m²

竣工时间： 2017年4月

设计团队： 水相设计

项目摄影： 李国民

项目概述

分子药局的业主是药局世家的第三代传承人，一位年轻的80后，他希望颠覆传统的药局模式，使之融入现代的多元环境中。药局的名字MOLECURE源自Molecule（分子）与Cure（健康）拆分重组，取义也是来源于这两个词语，回归到制药起点，从自然界萃取分子合成有益人体健康的药品，将原始和科技融合到一起，如同分子碰撞合成新的化合物。

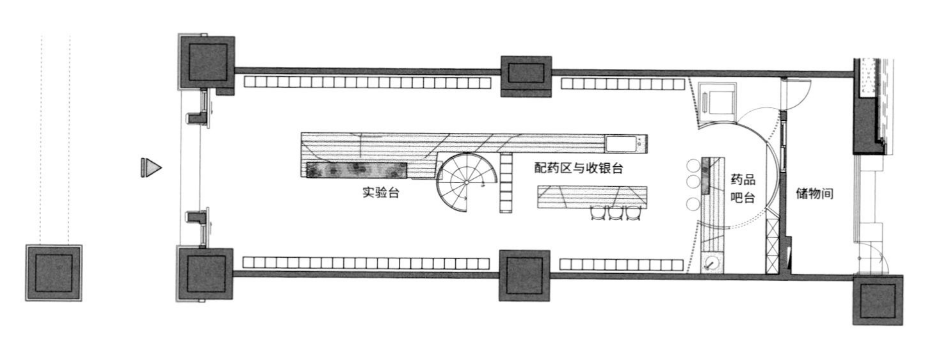

∧ 一层平面图

∧ 一层陈列橱窗

∧ 一层鹅卵石展墙

∧ 一层展墙和实验台

∧ 室内展示

∧ 实验台上方悬挂的植物

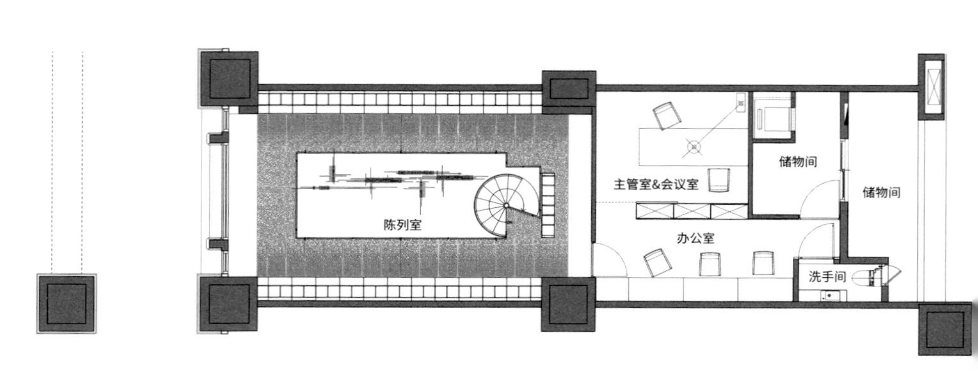

∧ 二层平面图

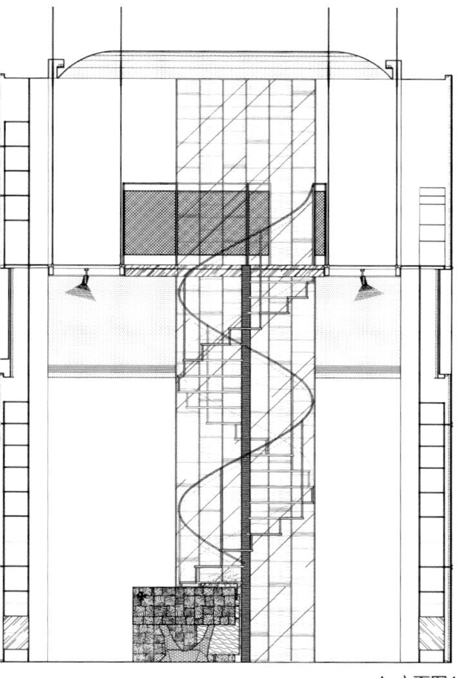

∧ 立面图1

局部介绍

（1）设计灵感

分子连接聚合，导致物质外观形状的改变，过程奇妙而惊奇。该项目将分子的两大特性：连接性和聚合性转化为建筑设计手法，在左右两道高耸的墙中间，用手工的方式贴出大幅鹅卵石墙面，鹅卵石粗糙的质感带给人们直面生命的真实感。

（2）材料使用

金属、轻质化的玻璃和透明的亚克力纵横交

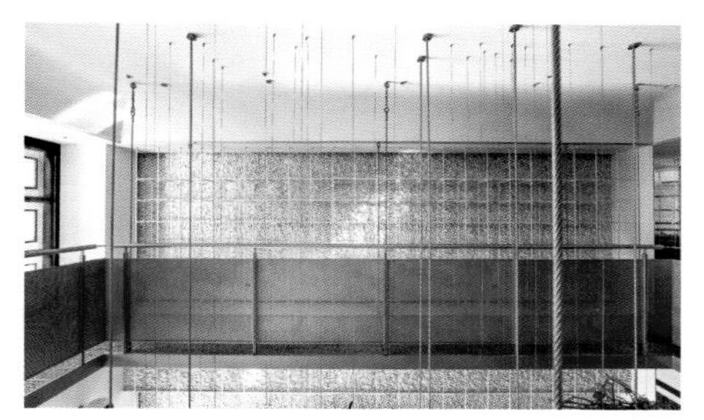

∧ 二层鹅卵石展墙

∧ 实验台

/\ 配药区1

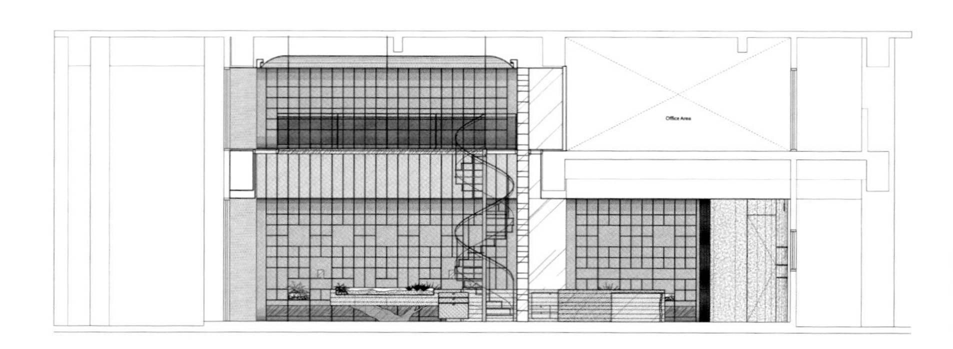

/\ 立面图2

措，以直线构建出单元式展架形体，如同分子属性的重复扩张。待彩色的药品摆放上去，展架的存在感变得极低，仿佛消失在空间中，色彩斑斓的药品仿佛轻盈地飘在空中，为素雅的墙面增添了色彩，宛如一幅抽象艺术作品。

陈列橱窗的设计与展墙的设计理念一样，都是以极简的线条构建形体，搭配色彩斑斓的病历表作为装饰，与整个空间内的风格相一致。

悬挂展区的黄铜色金属从上方悬吊下来，如同树木垂下的枝条，将药品自然地呈现到人们眼前，与垂下来的植物装饰融为一体，体现出自然制药的概念原点。

（3）功能革新

本案摒弃了传统药局中柜台服务的单相模式，空间的核心围绕一个实验平台，药剂师和顾客在实验中岛平台进行互动。实验台是实木材质的，以百年树干的

∧ 二层陈列橱窗

∧ 配药区2

∧ 配药区3

∧ 二层陈列区的镂空地面

∧ 一层展墙和实验台

∧ 黄铜旋转楼梯底部视角

原始皮层为平台底座，在平台一侧嵌入肆意生长的绿植，与头顶悬挂的植物一同呈现出原始丛林般的感觉，颠覆传统药局的冷酷沉寂，转向真实的自然健康风格。

配药区与实验台一样，重视开放性，药品陈列、实验、调配融合在同一空间内，打造出崭新的空间模式。因为中岛的开放性，也让业主有更多机会进行跨界合作，时至今日，业主在此进行过手冲咖啡、制作意式冰淇淋等跨界合作活动。

（4）局部特色

空间内融合了药品陈列、调配实验和生活体验三类经营形态，因此需要一个过渡衔接的角色，即展现弧线美的黄铜旋转楼梯。楼梯的弧度和形态让人联想到生物学中的DNA双螺旋结构，从而呼应了到分子药局的设计概念。

楼梯板和二层陈列区的地板都以激光切割的方式创造出如分子结合般的三角形孔洞，光线打下来可以模拟出从树叶中散落的斑驳光影，从而向大自然致敬。

分子药局突破了一般药品销售的既定框架，展现了药局有别于以往的崭新面貌，在当代重新定义了药局的存在价值，也为越来越追求健康的现代人提供了一处融合了功能、艺术和精神信念的新空间。

∧ 黄铜旋转楼梯

∧ 周边街道景观

Sayanomoto Clinic
精神健康诊所
佐贺县的老年乐园
——道祖元街诊所

项目名称： 道祖元街诊所
项目地点： 日本佐贺县
建筑面积： 308.58m²
竣工时间： 2014年10月
设计团队： 山崎健太郎设计工作室

1. 挡风室
2. 通道
3. 接待处
4. 会诊室
5. 手术室
6. 办公室
7. 职工休息室
8. X光室
9. 主任室
10. 咨询室
11. 多功能室
12. 书架
13. 职工入口
14. 食道冲洗室
15. 门柱

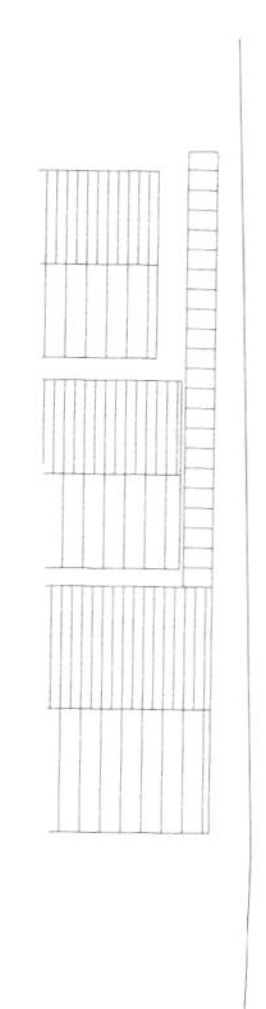

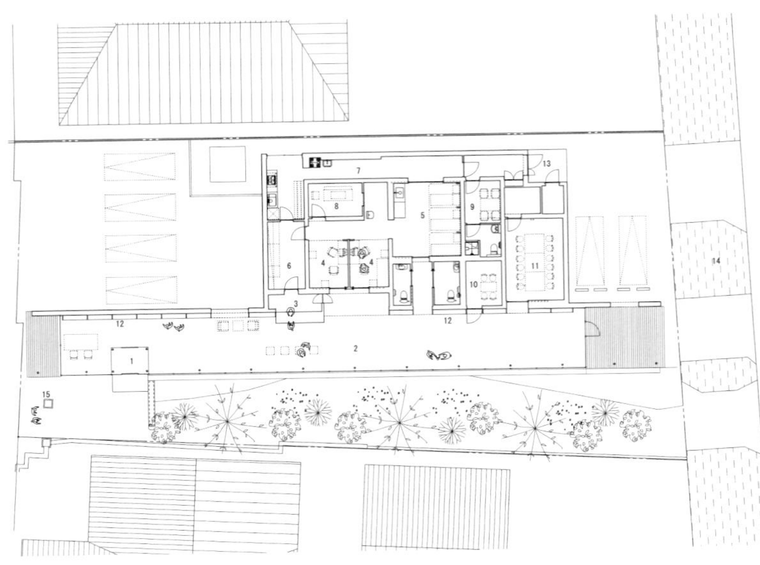

∧ 平面图

∧ 道祖元街诊所

∧ 建筑共享空间夜景

∧ 道祖元街诊所（晚上）

∧ 入口红砖立柱

∧ 建筑共享空间

项目概述

道祖元街是位于日本佐贺县的一家精神健康诊所，同日本其他地区一样，老龄化严重的佐贺县需要对老人的特殊健康照护；而与传统医疗建筑的追求的高效、安全不同，甲方希望这个诊所是专门为失智症患者和他们的家人创造的一个公共学习空间。

设计师山崎健太郎首先在室外设置了花园，以此重现了当地独特的稻田风光和群山景观。室内一个30m长的书架上放置了很多画本，旨在通过“读书学习”这一活动促进患者、护工以及家属在诊所内交流行为的发生，加强人与人之间的关系。

局部介绍

（1）认知症与新场所

疗愈空间旨在为对患者治疗安全、高效的医学环境，然而对于老年人健康护理来说，这些还远远不够。随着康复中心老年人数量不断增加，诊所这一固有概念也应随之改变，人们对认知症这类精神疾病的认知水平也在不断提高。对于认知症患者和家属而言，他们并不希望待在传统的封闭环境治疗，而是希望在一个开放的空间中康复或者度过时光。道祖元街诊所正是通过融入患者、家属生活之中来消除精神健康诊所在人们心中的刻板印象。

道祖元街诊所内设置了4m宽、40m长的共享空间，空间形式如同传统的街道，这一共享空间一端连接书架，另一端导向公园。此外，书架和花园前方的一条小路与小镇相连，将历史风貌引入建筑，同时也使建筑和周边环境融合。

建筑建成后，共享空间逐渐演变成了当地的公共活动场所，这使得整个建筑演化成为一个综合健康护理中心。建筑的功能房间会被用来进行专题研讨会或举办公共活动，同时也作为当地健康照护工作者和管理人员的联系场所。

∧ 共享“学习”空间1

（2）空间的疗愈作用

在道祖元街诊所中，共享“学习”空间承担了疗愈的作用。对认知症而言，医生与患者之间的距离感不利于病情的好转，此外，患者家属也不可避免地会受到影响，因此医生、患者以及家属必须学习如何和在一起顺利生活。

这个“学习”空间有两个构成要素：书架以及花园。花园内的本土植物可以刺激人们对当地景观的回忆，沿花园设置的书架，摆放了不同种类的绘本，通过阅读这一主动行为代替被动的灌输。以此形成的“学习”环境区别于传统意义上的诊所空间，可以让来访者认识认知症，缓解前来探视的患者家属的心理压力，同时为医生与患者提供一个安静、放松的诊疗空间。

（3）色彩设计

建筑室内设计延续了佐贺县传统风貌。将本土特有松树植被融入景观设计之中。外立面红砖立柱作为建筑的标识出现，此外学习空间中书架背面墙壁也由红砖砌筑，在与入口标志性立柱呼应的同时强化了建筑与周围红砖建筑的联系。

∧ 共享“学习”空间2

∧ 共享“学习”空间3

Chapter 4 第四章

New Medical Space

医疗新空间

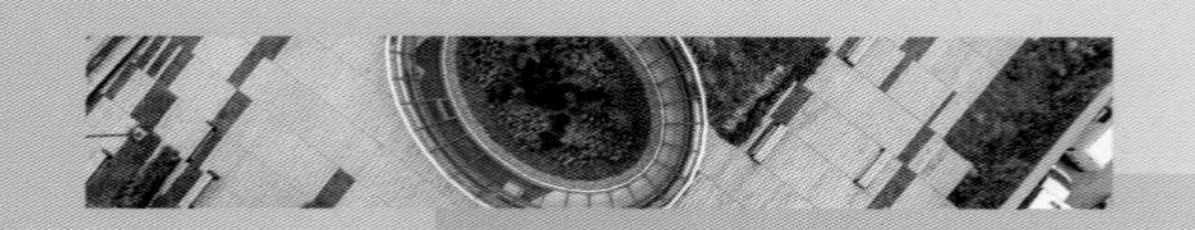

Zuid
Informatie

双重治愈的医疗新空间

医院，作为带给人希望的场所，其医疗空间设计在满足医疗需求的前提下，应该以人性化为导向，充满关怀，应该将自然中的光、风、热包含在内，打造与以往仅仅满足医疗需求不同的崭新的空间。因为，身处在一个充满人性和人文情怀的场所，并且伴有自然中的各种元素、景观，对于患者的物质及精神世界的恢复无疑是大有裨益的，本章选取的五家医院就是很好的例子。

扎恩医疗中心通过运用中庭以及自然花园的方式，将自然元素充满惊喜地展现在空间中，拉近人与自然的距离；尼日尔综合医院结合周边的场地特色，带给人良好的归属感；美琪癌症中心极具人性化，注重外立面带给患者的亲切感，在满足各部分功能及医学救治需求的前提下，让室内充满人情味。

医疗新空间不仅是一个救治身体的场所，更是一个维护精神的希望之地。今后的医疗建筑设计也将会更注重人的生理、心理感受和未来的新空间功能需求，提供全面而综合的医疗服务。

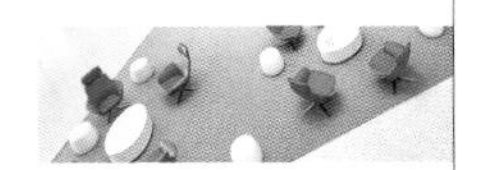

∧ 项目外观效果图

Design of Shanghai United Family Hospital

以新建筑振兴旧街区并与一流医疗服务接轨

——上海和睦家医院

项目名称： 上海和睦家医院

项目地点： 中国上海

建筑面积： 20,000m²

竣工时间： 2019年

设计团队： 穆氏建筑设计（上海）有限公司

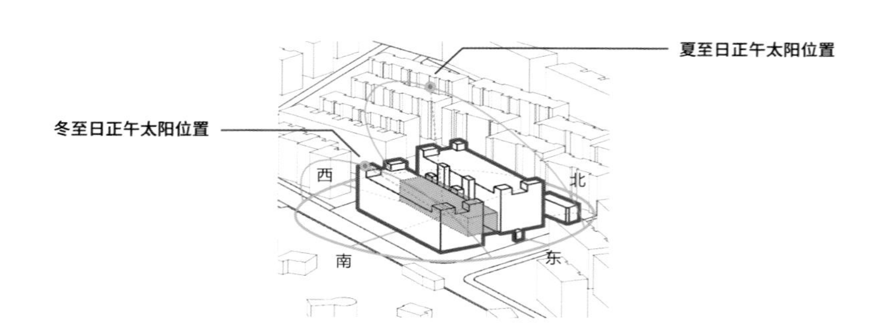

日径分析

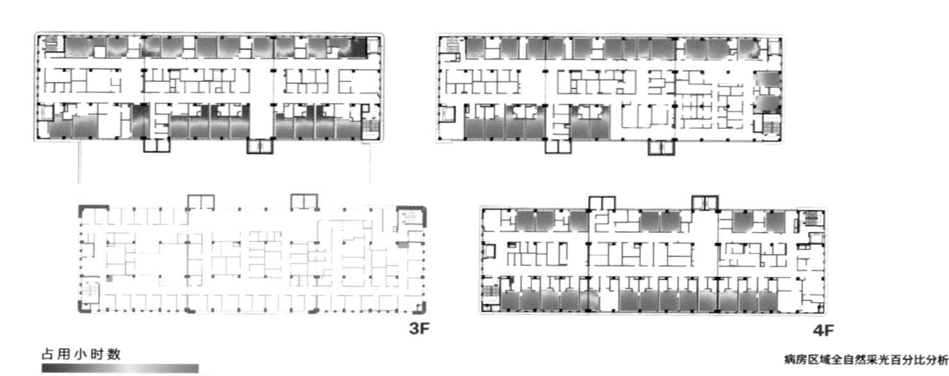

病房区域全自然采光百分比分析

∧ 病房区域采光性能分析图

∧ 室内线条做圆弧和曲线处理

∧ 暖色的墙面配色、天然的木材材料和间接照明都提高了患者的空间舒适度

∧ 项目外立面

∧ 项目外立面细部

项目概述

2019年建成并投入使用的上海和睦家医院位于历史悠久的长宁区。医院新址多由新旧交替的社区住宅环绕。医院在迁址前，原建筑设施已运行长达15年之久，是和睦家医疗在上海设立的最早的医疗设施。该项目是继上海和睦家新城医院、广州和睦家医院之后，穆氏建筑设计（上海）有限公司（以下简称“穆氏建筑设计”）为和睦家医疗设计的又一医院设施，穆氏建筑设计的目标是打造符合世界公认医疗服务标准的医疗设施，以支持上海和睦家医院提供高端全面化医疗服务。

局部介绍

（1）全面改造，更新街区活力形象

项目场地原为两栋4层的多用途建筑，建于1992年。建成至今经历了数次设计改造，对整个街区界面产生了复杂的影响。现如今在上海城市更新的背景下，穆氏建筑设计将建筑、室内、机电等多专业相结合，建造出一座全新的现代化医疗设施，不仅可以提供一流国际化医疗服务，而且通过更新建筑形态显著提升了场地周边的环境。

建筑外立面采用不同材料交织的幕墙系统来体现建筑的温和，材料的不断重复创造出富有活力的韵律，以预制的“回”字纹玻璃纤维来强化混凝土板，寓意对患者的健康关怀和对一流医疗服务的精

益求精。

建筑外立面采用隔热材料，有效地减少了能源消耗，从而达到了保护环境的目的；顶部安装铝板以遮挡屋顶的建筑设备，立面设计则通过柔和圆角和通透的百叶窗来平衡原建筑的坚硬密实质感。

∧ 项目场地原址实景图

（2）针对设计，设计满足医疗需求

高效、合理的交通体系让病患、医务工作者和物流路线相互独立，以满足医疗流程的安全性要求。设计师与院方及其工作人员紧密协作，通过合理的功能空间规划来对复杂的医疗需求做出针对性设计。

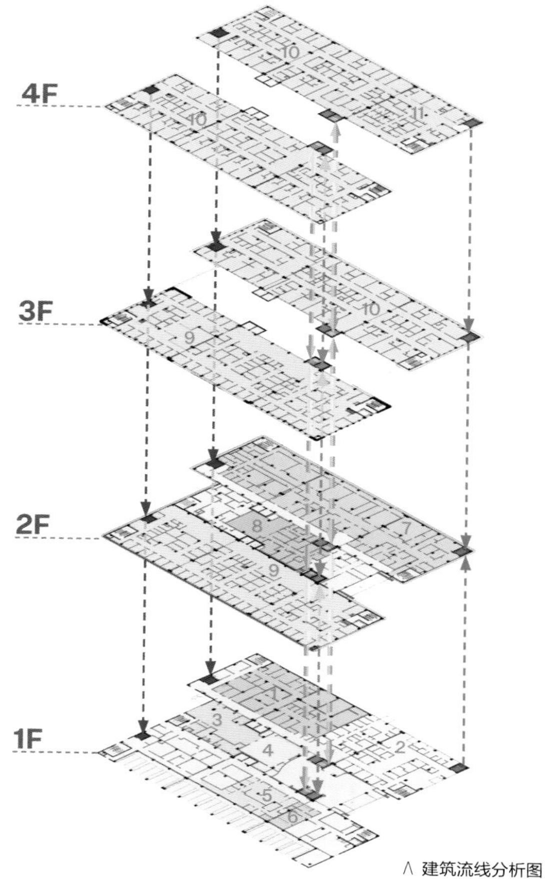

∧ 建筑流线分析图

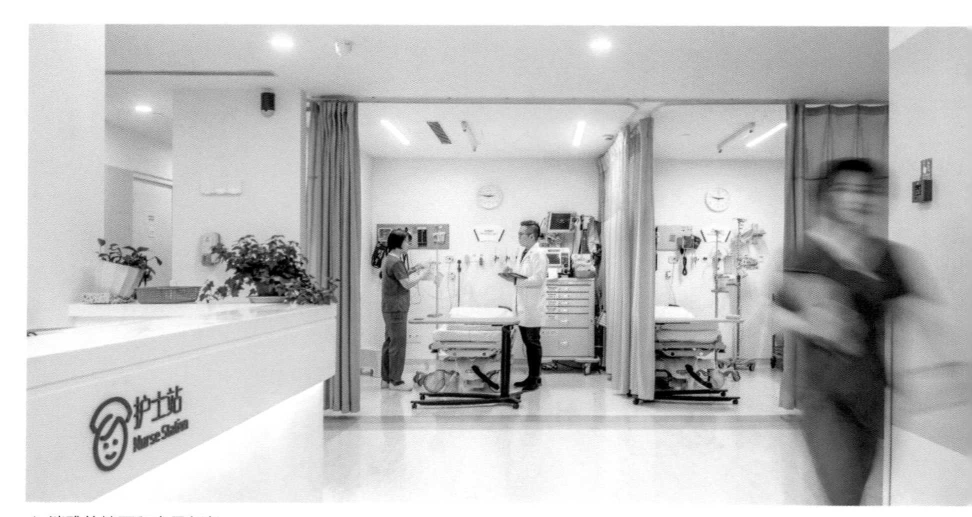

∧ 淡雅的墙面和家具颜色

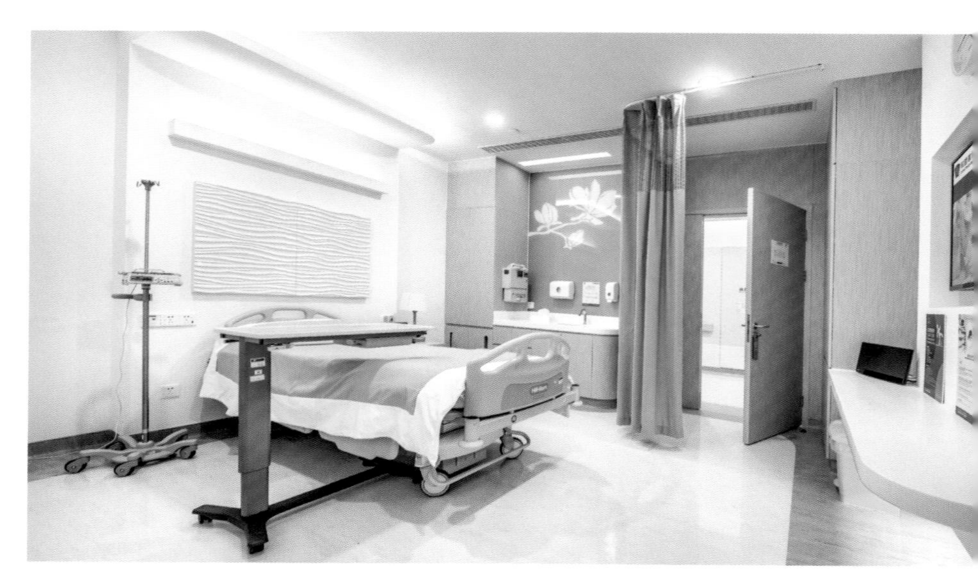

∧ 定制的墙面图案、柔和的配色和用于隐藏医疗设备的床头面板

通过严谨的采光性能模拟和能源使用研究进行合理的建筑空间布局。基于场地现有条件，病房区域被划分在建筑的上层以便更好地利用自然采光。

（3）充满关怀，人性化的医疗空间设计

建筑室内空间从患者、家属和医护人员的个人感受和需求入手，采取四项原则打造出有助于缓和情绪及治愈的空间环境：曲线、以情绪为导向、自然和人体尺度。

曲线：采用圆弧和曲线造型来营造舒缓与柔和的环境，赋予患者温暖和关怀。

以情绪为导向：考虑患者情绪因素，在不同楼层和科室引入不同的水粉色调，定制独特的墙面图案，帮助患者在有方位指引的环境里最大限度舒缓紧张的情绪。

自然：利用天然材料（如木材）和自然采光，来提高病患与医疗空间的熟悉感和亲和度，从而让患者感到安全舒适。

人体尺度：通过降低顶棚高度、采用无障碍地面材料、暖色间接照明等方法，提升医疗空间中人的舒适性。

病房的设计将舒适度和隐私性相协调，不仅为医护人员工作预留充足的空间，也为家属陪伴带来方便。定制的墙面图案、柔和的配色和用于隐藏医疗设备的床头面板等细节，加强了以人为中心的关怀体验。

基于合理的医疗规划设计方案，并将曲线、自然元素、以情绪为导向设计和人体尺度相糅合，上海和睦家医院的设计体现了该院在温暖、关怀和以患者为中心的环境中提供全面综合化服务的愿景。此外，其满足国际医疗卫生机构认证联合委员会标准的设施还将以崭新的建筑形态振兴上海老街区的精神风貌。

∧ 休息区采用鲜艳活泼的色彩

∧ 扎恩医疗中心毗邻康复大道

Zaans Medical Centre
医院建筑的艺术性
——扎恩医疗中心

项目名称： 扎恩医疗中心
项目地点： 荷兰赞丹
建筑面积： 38,500m²
竣工时间： 2016年
设计团队： 梅卡诺建筑事务所
项目摄影： 瑟伊斯 · 沃尔扎克（Thijs Wolzak）

项目概述

扎恩医疗中心是一个高效、简洁的医院建筑，配有专业的健康护理和个体化的健康指导服务。总面积达3.85万m²，其中包含了具备8个手术室的急诊中心、重症监护病房、心脏保健单位、门诊诊所、诊断中心、日间护理中心、独立母婴护理中心、实验室、药房以及公共职能部门、ZMC学院办公室和会议中心等，还有可停放700余辆车的停车库。

01 街道
A 接待处
B 咖啡馆
C 出租车等候
D 等候区
E 滑梯
02 门诊部
03 急诊室
04 放射科
05 后勤处
06 隔离病房
07 术前筛查处
08 血液取样处
09 口腔外科/耳鼻喉科
10 天井露台
11 急救通道
12 接待餐厅

a 来访客电梯
b 手术电梯

∧ 一层平面图

∧ 扎恩医疗中心内部

∧ 扎恩医疗中心实景图

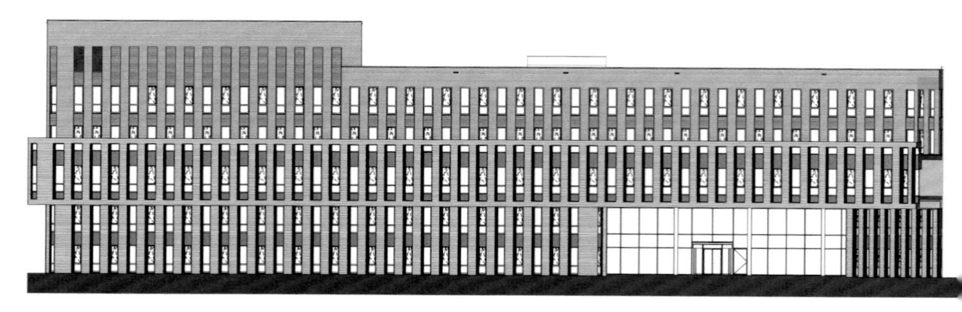

∧ 西立面图

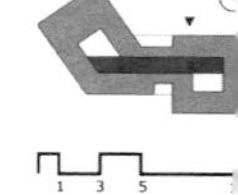

扎恩医疗中心毗邻一条康复大道，大道两边设有药房、诊所、商店、旅馆、超市等。医疗中心的设计让医院和周边的康复护理设施巧妙结合，运作得像一个小镇，使这里成为扎恩甚至是赞丹的康复街区。

∧ 米色和砖红色搭配的局部表皮

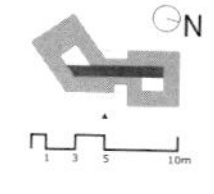

∧ 东立面图

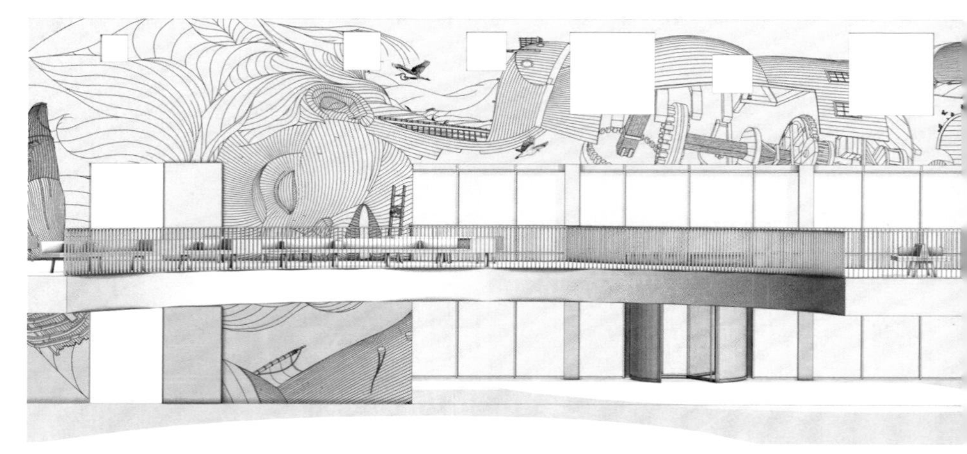

∧ 建筑剖面图

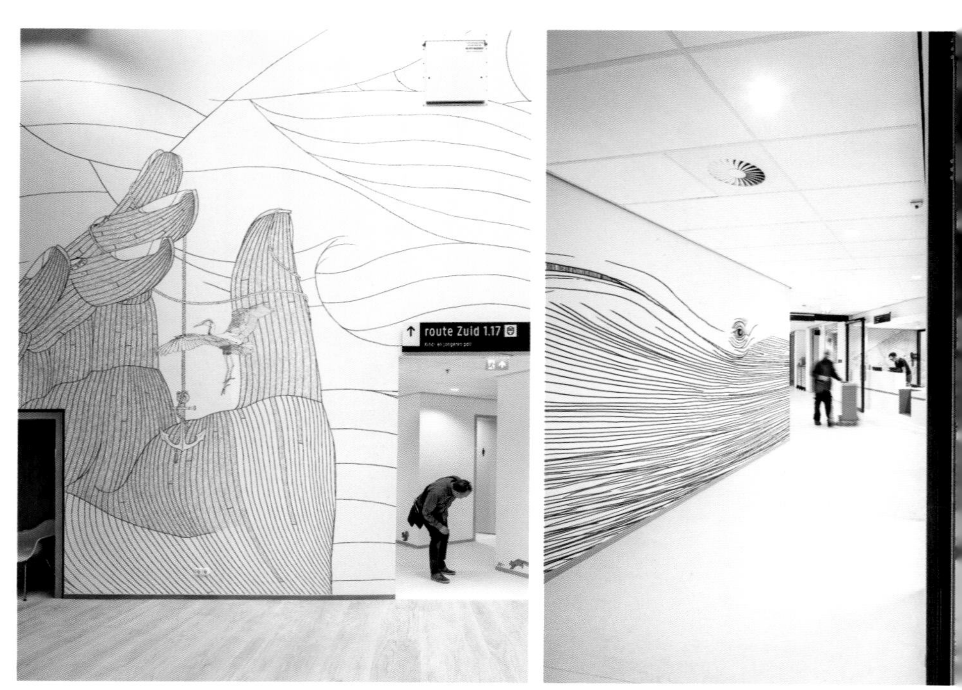

∧ 墙上的手绘插画简洁又有艺术性

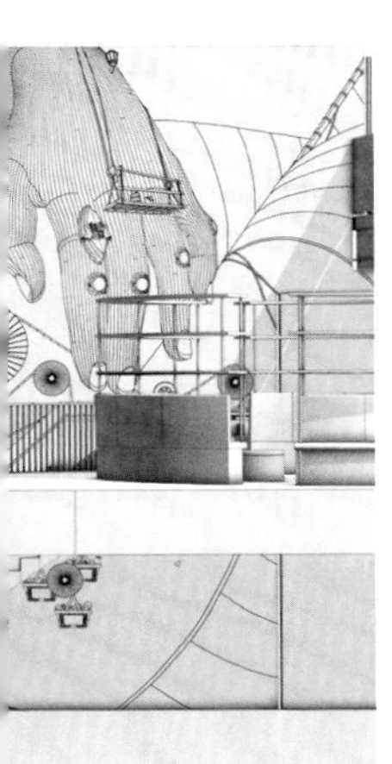

局部介绍

（1）建筑平面功能布局

扎恩医疗中心在医疗上确立了五个护理阶段：门诊、临床、诊断、普通护理和重症护理。在空间安排上根据各阶段的开放性设置楼层，如相对开放的门诊功能位于下层，需要私密安静环境的护理功能则位于上层。门诊和临床各占了建筑两层空间。同一楼层内包含多种功能空间，优先服务需要初步护理的患者。在流线布置上，通过分别设置患者电梯和访客电梯将两者的流线区分开，保证了患者不受外界打扰。考虑到可变性和适应性，门诊和护理部门流程尽可能做到标准化，使得建筑本身也做到具备适应性和灵活性。

∧ 透明的玻璃墙风格与墙面保持一致

∧ 走廊两端的花园式中庭巧妙地引入了自然光

∧ 走廊内的螺旋楼梯充满趣味感

∧ 走廊内的等候空间采用亮色活跃氛围

∧ 半圆的通高空间和开窗

（2）建筑外观

建筑外立面采用了竖向分割方式，配以竖向的长条窗带来挺拔和精神感，表皮色调上选择米色和红砖色这类温和的颜色，整体形成简洁亲切的建筑形象，区别于一般医院冷峻的印象。

（3）室内设计

楼层之间打造了半圆形的通高空间，视野开阔无障碍，搭配柔和的木质地板和明亮的家具色彩，形成良好的视觉效果，赋予空间愉悦安心的氛围。

建筑走廊内的螺旋楼梯增加了空间趣味，可供孩子们在各楼层内活动冒险，消除其在医院的紧张感，打造一个有“人情味”的医院。

走廊内隔离出很多等候空间，等候空间的装修和家具选择黄色和蓝色这类明亮的颜色，或是柔和温暖的木色，力求实现人性化，营造愉悦放松的空间氛围。

中央走廊的两端各有一个花园式的中庭，再加上走廊内半圆的通高空间，可以让阳光充分进入建筑内部。巧妙地引入自然光，既是功能空间的需要，也是建筑形式的艺术表达，达成了建筑与艺术的完美合作。

墙上的手绘插画和玻璃墙的图案风格一致，简约的线条画既保持了简洁的立面色彩，又赋予空间艺术性点缀，消除室内的枯燥感，且这种插画与扎恩地区的工业化风格相得益彰。

∧ 通高空间处采用风格相同的木质楼梯

∧ 柔和的木地板搭配明亮的家具营造出舒适愉悦的空间氛围

∧ 提供饮品的休闲空间使用木色来营造温暖和放松的氛围

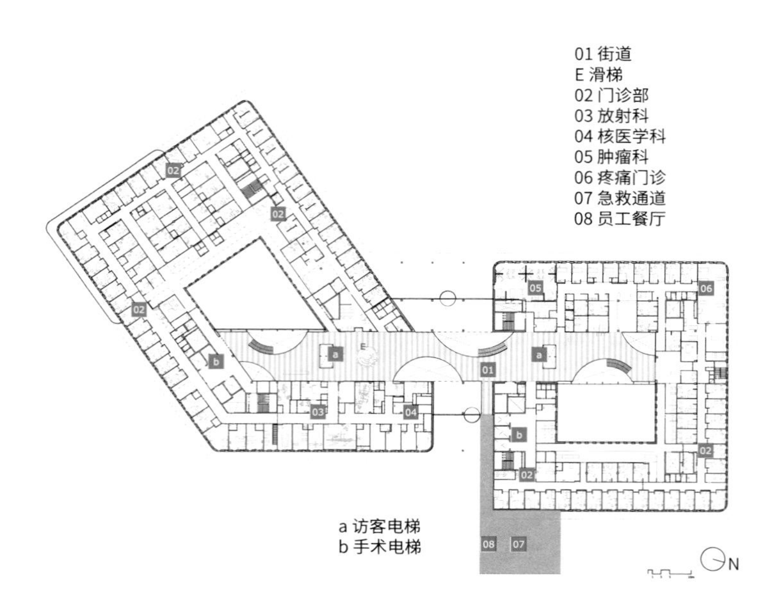
01 街道
E 滑梯
02 门诊部
03 放射科
04 核医学科
05 肿瘤科
06 疼痛门诊
07 急救通道
08 员工餐厅
a 访客电梯
b 手术电梯
N

∧ 二层平面图

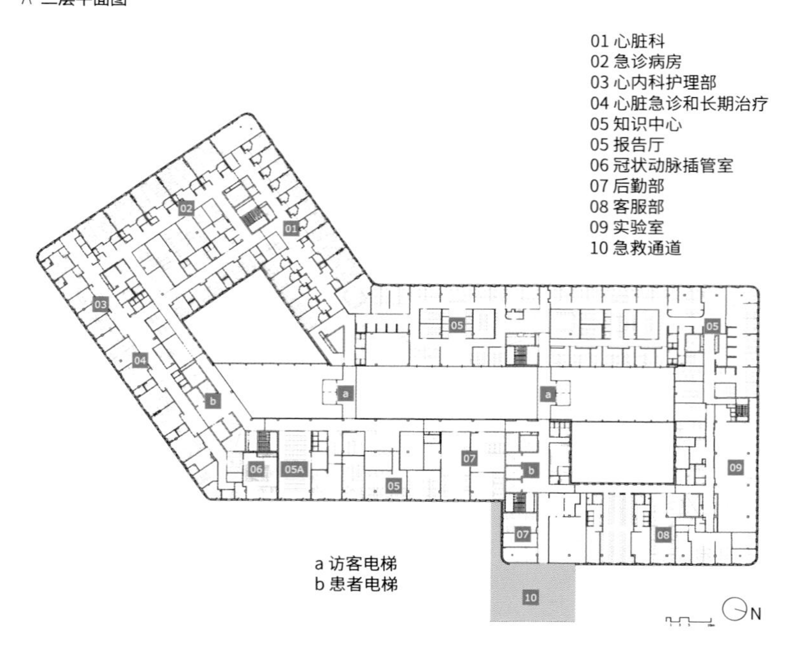
01 心脏科
02 急诊病房
03 心内科护理部
04 心脏急诊和长期治疗
05 知识中心
05 报告厅
06 冠状动脉插管室
07 后勤部
08 客服部
09 实验室
10 急救通道
a 访客电梯
b 患者电梯
N

∧ 三层平面图

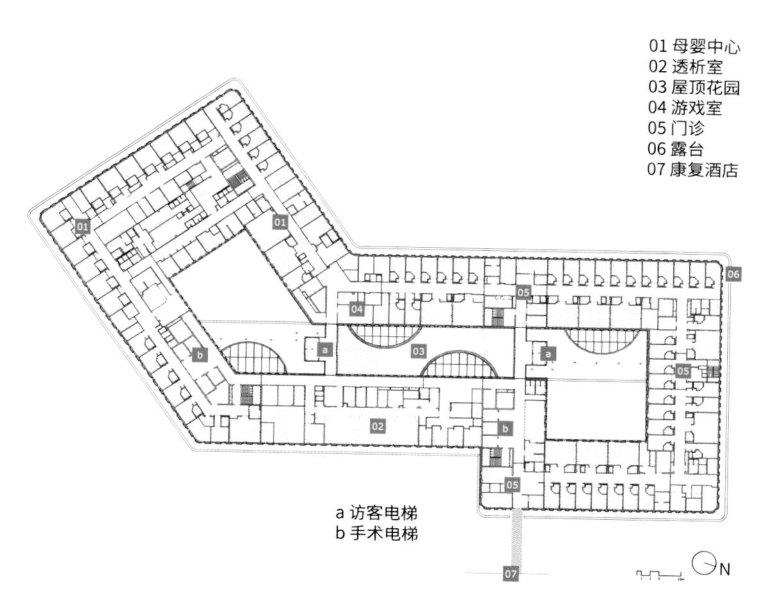
01 母婴中心
02 透析室
03 屋顶花园
04 游戏室
05 门诊
06 露台
07 康复酒店
a 访客电梯
b 手术电梯
N

∧ 四层平面图

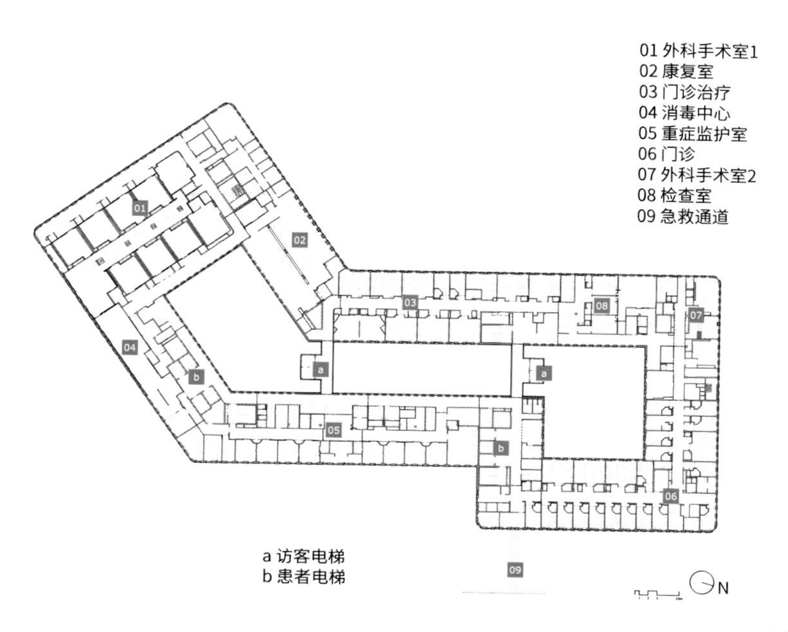
01 外科手术室1
02 康复室
03 门诊治疗
04 消毒中心
05 重症监护室
06 门诊
07 外科手术室2
08 检查室
09 急救通道
a 访客电梯
b 患者电梯
N

∧ 五层平面图

∧ 与环境融为一体的建筑

The General Hospital of Niger
沙漠中的“蒂罗尔”
——尼日尔综合医院

项目名称：尼日尔综合医院
项目地点：尼日尔尼亚美
建筑面积：3.3万m^2
竣工时间：2016年
设计团队：中信建筑设计研究总院有限公司
项目摄影：刘琛

项目概述

尼日尔综合医院位于尼日尔首都尼亚美市北郊一片平整、空旷的砂质土地，总面积约15.9万m^2。医院是由中国和尼日尔两国政府合作建设的，整体建设规模约3.3万m^2，床位数为500床，是中国近年来最大的援外工程之一。这是一个大型综合性公立医院，设立了急诊部、门诊部、医技部、住院部以及后勤保障部，由于当地城市配套设施缺乏，医院还专门设有独立的制氧站和污水处理厂。

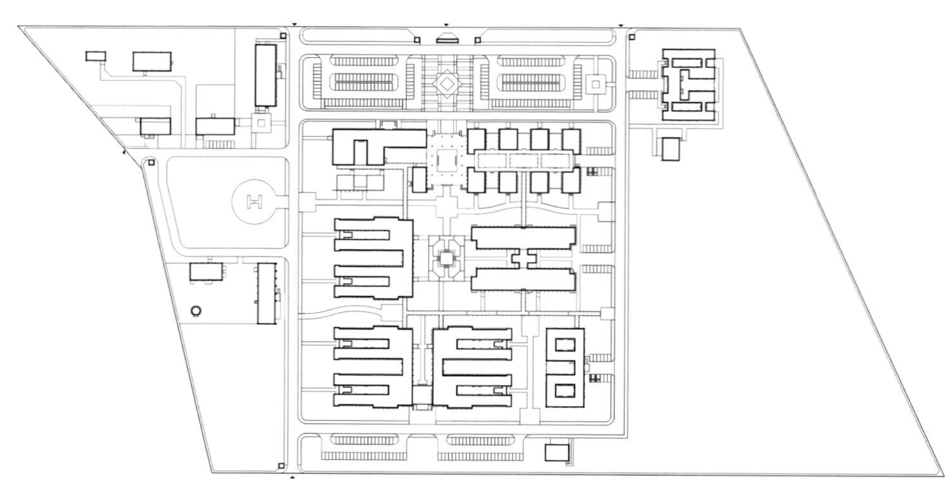

∧ 总平面图

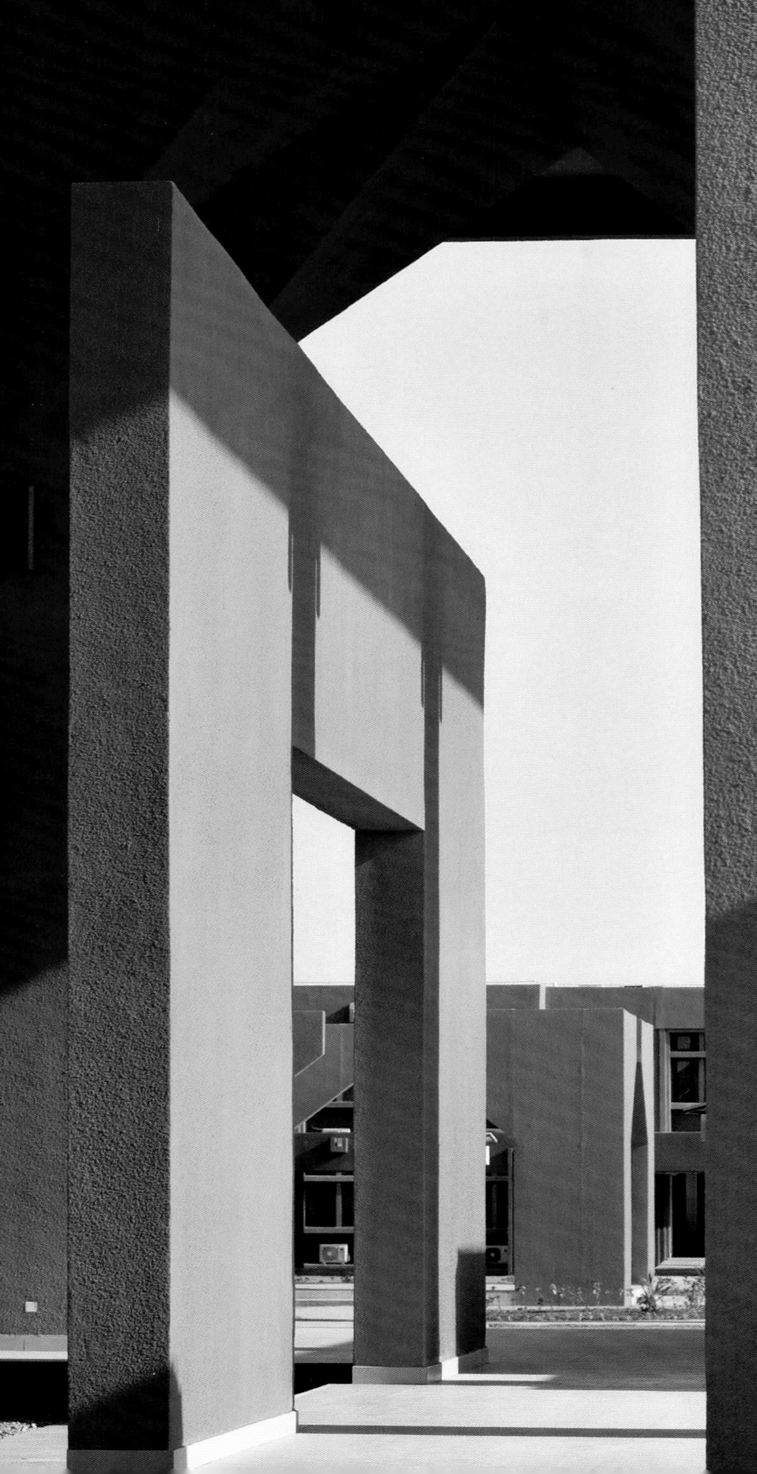

∧ 公共大厅

∧ 与环境融为一体的建筑

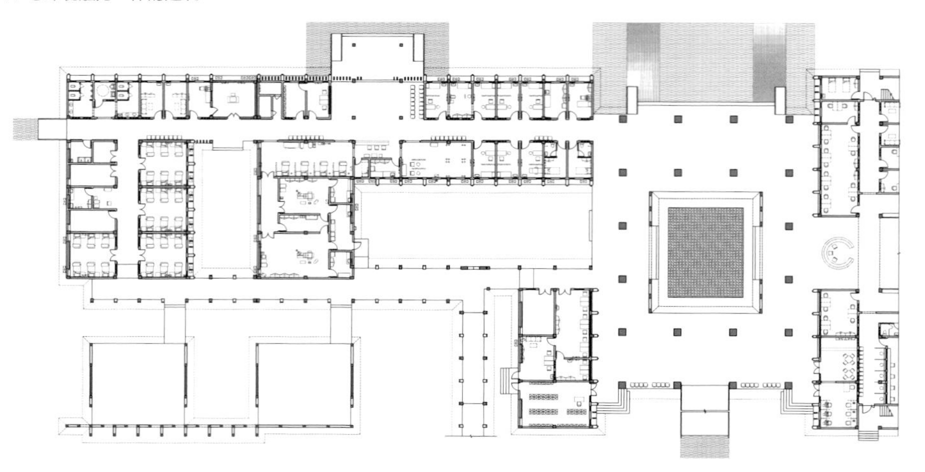

∧ 公共大厅和急诊一层平面图

∧ 医技楼外观

∧ 门诊楼庭院

尼日尔位于非洲西部内陆地区，是典型的热带沙漠气候，全年炎热干旱，降雨稀少，因此本案在设计时不仅从建筑自身出发，还着重考虑了当地的实际情况，从技术、材料、体量等多方面与环境相融合。

∧ 公共大厅与天空的对话

∧ 公共大厅细部

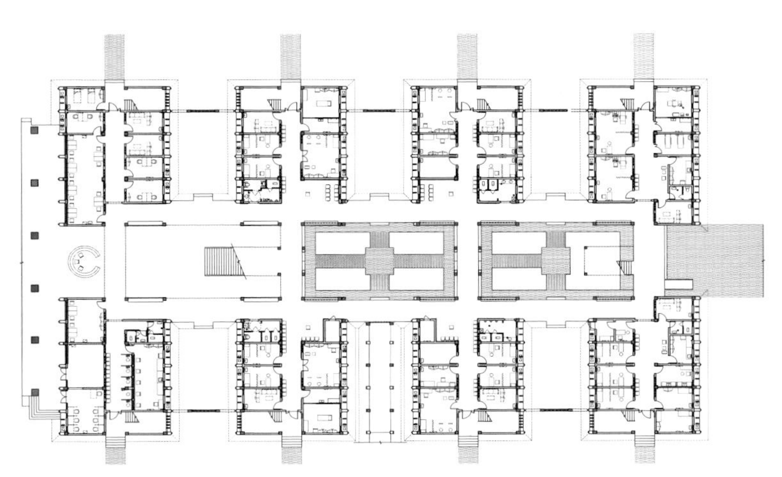

∧ 门诊一层平面图

∧ 公共大厅入口处

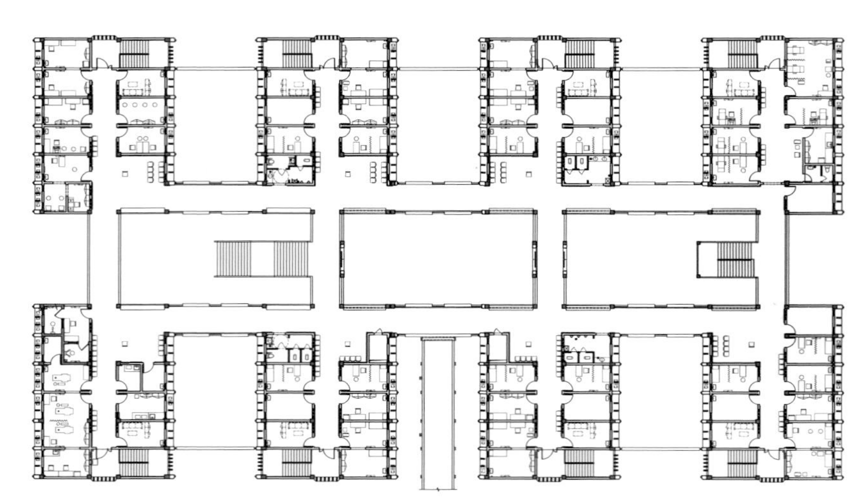

∧ 门诊二层平面图

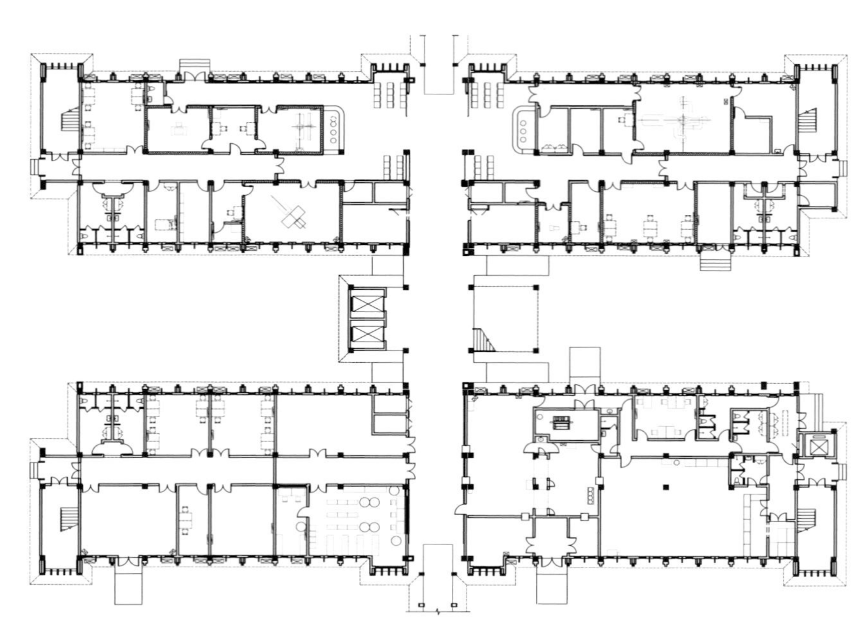

∧ 医技楼一层平面图

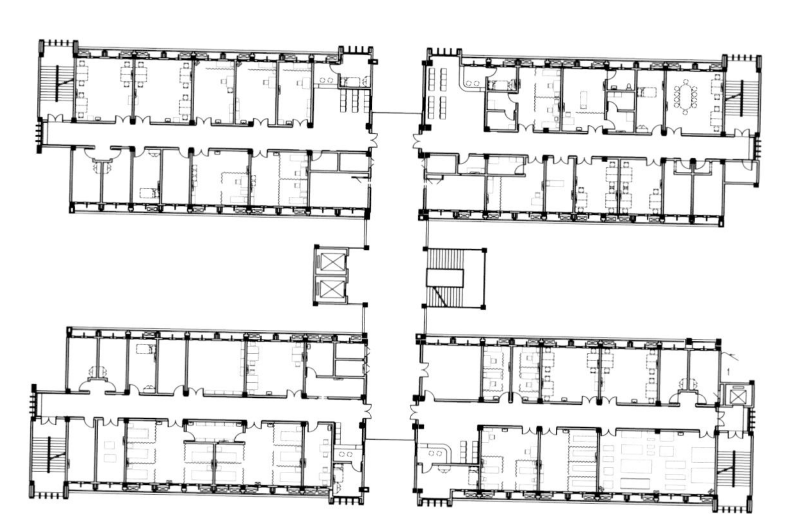

∧ 医技楼二层平面图

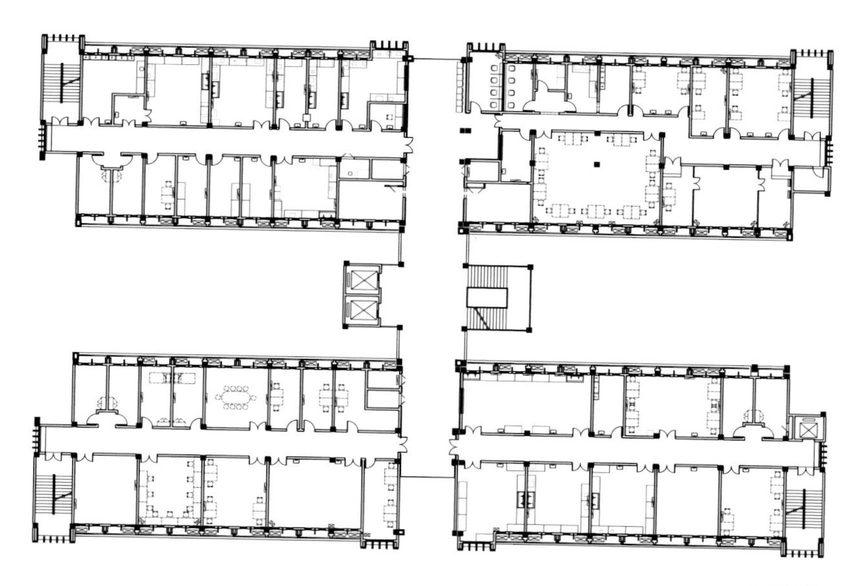

∧ 医技楼三层平面图

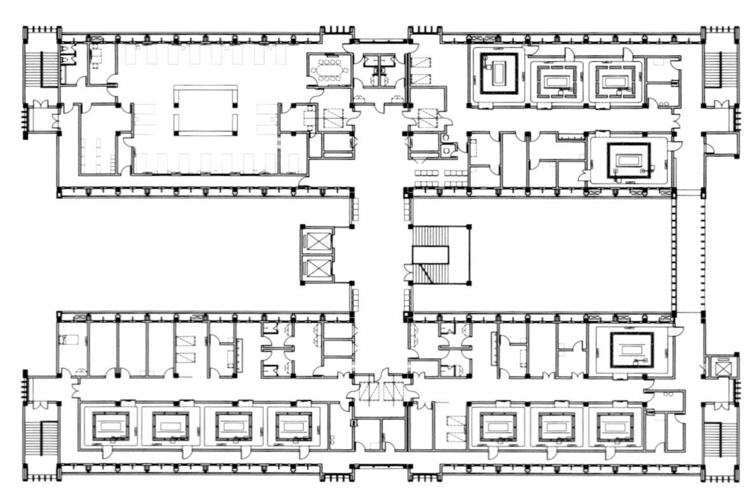

∧ 医技楼四层平面图

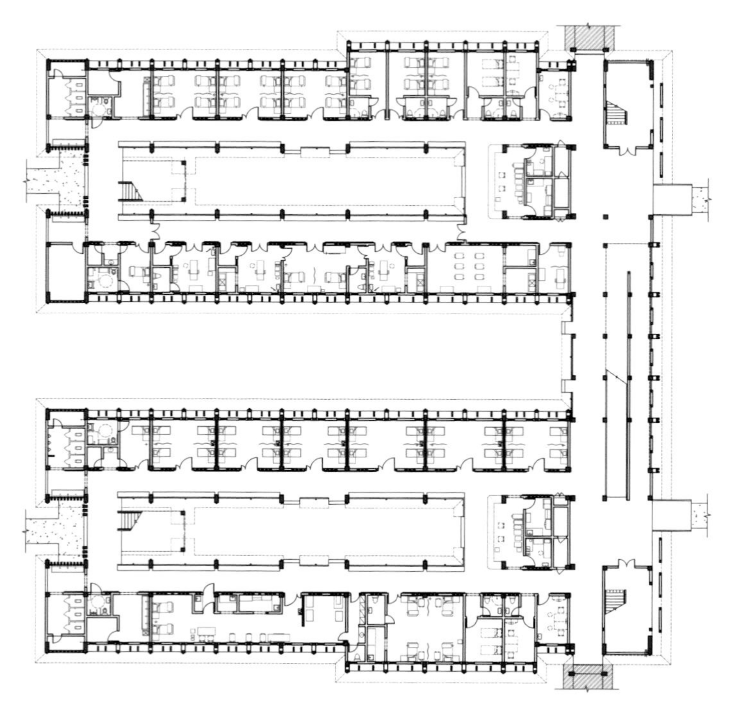

∧ 病房一层平面图

∧ 病房楼庭院

局部介绍

（1）公共大厅与急诊楼

急诊楼与公共大厅相连，仅有一层。考虑到建筑要适应气候且具有经济性，此部分采用了向外挑出的开放外廊，以便减少阳光对室内的直射，获取自然采光和通风。

公共大厅是医院重要的人流集散空间，开放的大厅设计同样是为了获得良好的自然采光和通风，不必耗费过多资源，既达到了功能要求，又减少了能源依赖，符合项目的经济性要求。

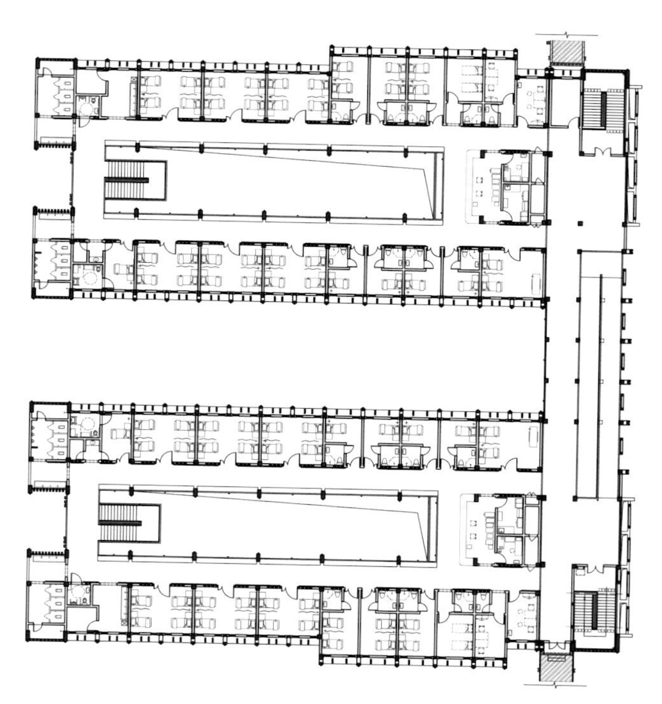

∧ 病房二层平面图

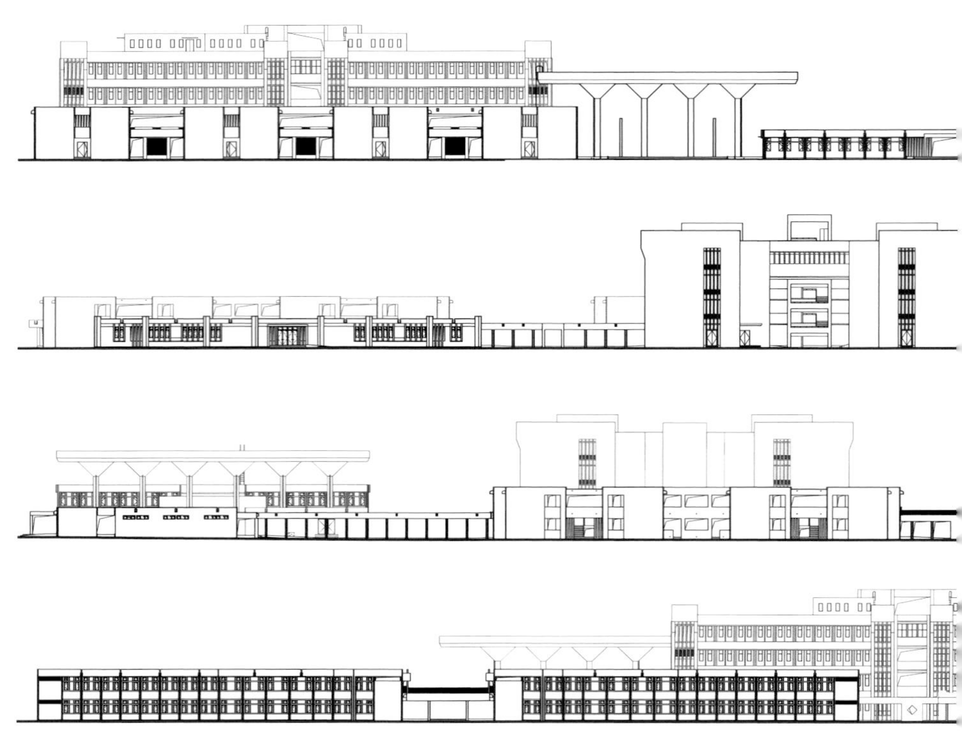

∧ 立面图

∧ 病房楼雨水口与遮阳的统一

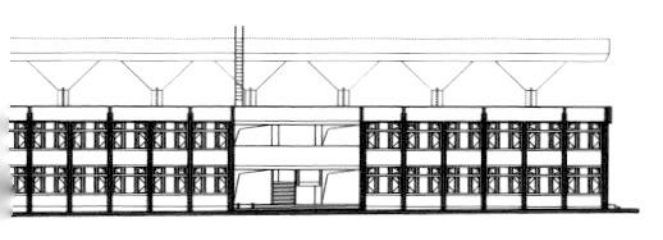

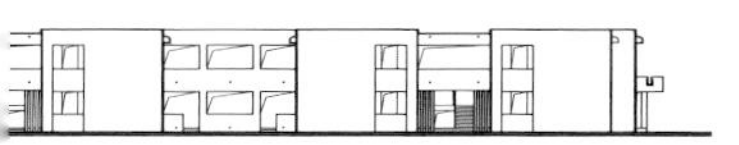

∧ 医技楼立面遮阳

（2）门诊楼

门诊楼共两层，依然是小体量分散式建筑，围合出若干庭院，通过开放的外廊相连接，便于通风采光。屋顶采用了传统的架空隔热板，可以有效降低室内温度。

∧ 当地工人外墙施工

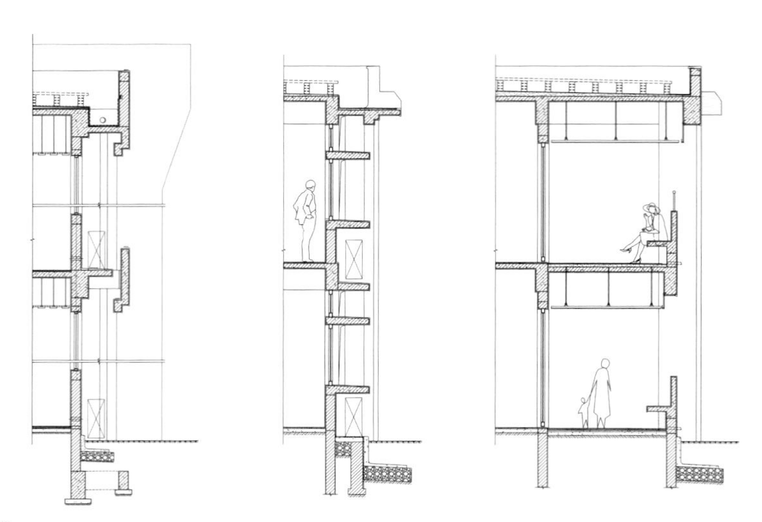

∧ 墙身详图

（3）医技楼

医技楼共四层，是最为重要的一部分，包含了医院所有重要的医疗仪器、设备以及手术室。这部分共设计了12间等级不同的手术室，以及电子计算机断层扫描、减影血管造影、数字X线摄影术等医学检验科室，大大提高了当地的医疗救治水平。

（4）病房楼

病房楼共两层，设计为半围合的院落空间，通过坡道和外廊相连接。在不使用电梯的情况下通过坡道来满足医院的无障碍要求，充分考虑到了建筑的经济性原则。

（5）建筑细节设计

医院在细节装饰中使用了伊斯兰艺术的重要元素——几何图案，如门诊楼廊道中的菱形洞口。

建筑外墙使用了大量混凝土浇筑的外遮阳构件，遮阳板与外墙之间留有空隙，便于空气循环流通，带走室内热量，外墙的开窗也采用单扇小窗的手法，减少了外界带给室内的热量。

尼日尔全年降水稀少，但降水时雨量极大，伴着风吹的树叶沙尘，雨水口易被堵塞，因此采用了易清扫的开放式雨水口，与柱廊的加宽柱身巧妙结合，达到雨水口与遮阳的统一，并在立面上形成序列，成为立面的造型语言。

病房楼回廊内部靠近中庭一侧设置了固定的休息座椅，方便家属休息等候。房间除一般门窗外，还设有高窗，便于关门的时候依然有良好的通风。

建筑各部分基本都采用了开放外廊式平面，廊道两侧都留有洞口，以保证建筑内部的自然通风，改善人的热舒适环境。

（6）建筑外墙材料

建筑外墙采用了当地传统的“蒂罗尔”做法，将尼日尔河里的河沙、白水泥和水按照一定比例调配制成砂浆，再由当地工匠人工均匀喷涂到建筑表面。这种材料造价低廉，对当地的环境具有良好的适应性和耐久性，可以反复修补且没有痕迹。

∧ 门诊楼的菱形图案

∧ 自然通风的外廊

∧ 病房楼带休息座椅的外廊

∧ 威海国医院鸟瞰图

Weihai Hospital of Traditional Chinese Medicine

中式院落的现代转译：隐匿于黑松林中的医院

——威海国医院

项目名称： 威海国医院

项目地点： 中国山东

建筑面积： 7980m²

竣工时间： 2018年

设计团队： GLA六和设计

项目摄影： 姚力

1. 大堂
2. 办公室
3. 展厅
4. 多功能厅
5. 康养中心
6. 教室
7. 健身房
8. 精舍
9. 餐厅
10. 厨房

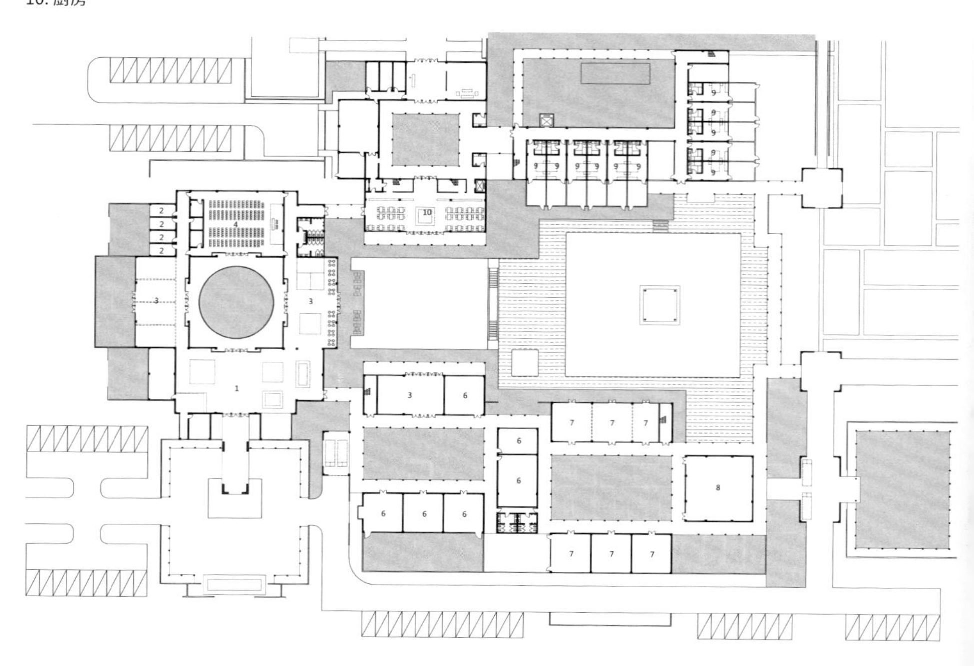

∧ 一层平面图

∧ 中心主庭园景观的延续

∧ 主展厅立面图

∧ 颐乐组团立面图

项目概述

威海国医院位于威海市东部新城，这一医疗康养综合设施包括新城规划展示中心、医院康养颐乐组团以及医疗精舍组团三部分，总建筑面积7980m^2。基地原为一片年久失修的平房，为实现对周边黑松林景观的最小干预，设计选择在原地重建。设计师遵循“师古而不泥古”的创作理念，探索了中国北方传统院落在当代的独特表现形式。

局部介绍

（1）院落转译

设计过程首先以类型化的方式梳理了中国传统院落的组构方式，将其概括为四合院、三合院以及廊院，并在设计中加以运用。根据不同基地条件，各类型院落在南北、东西两方向轴线上通过连廊串联，从而还原出中国传统建筑多进院落层次以及多条轴线并置的跨院形式。结合基地形状，各院落组团进一步围合出向周边黑松林半开放的中心庭院，并划分为半开放的坪庭和更为开放的水院两部分。建筑、墙体、连廊围合形成院落，院落又围合形成景园，多级嵌套的景观体系形成了丰富的空间体验。

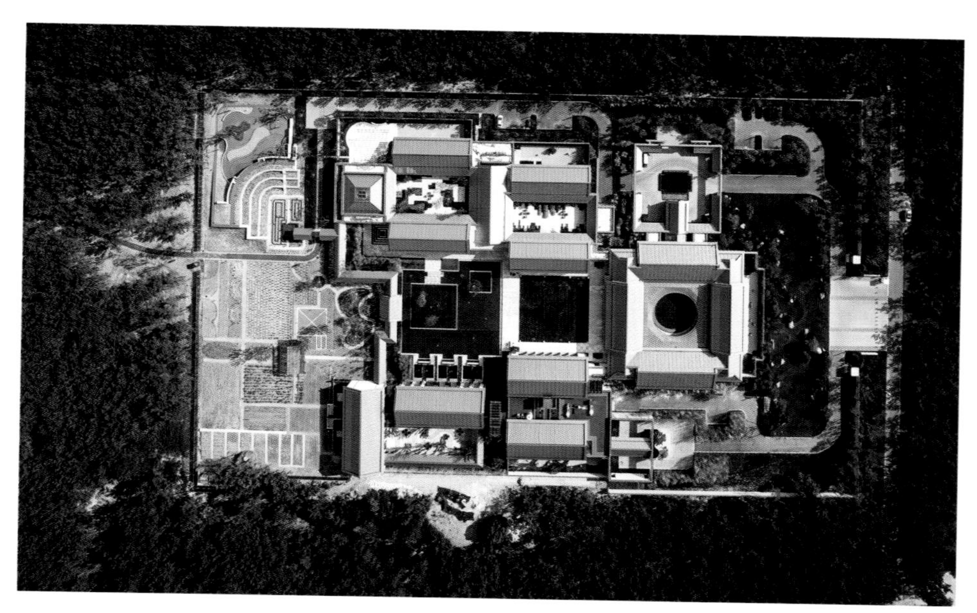

∧ 建筑组群俯视图

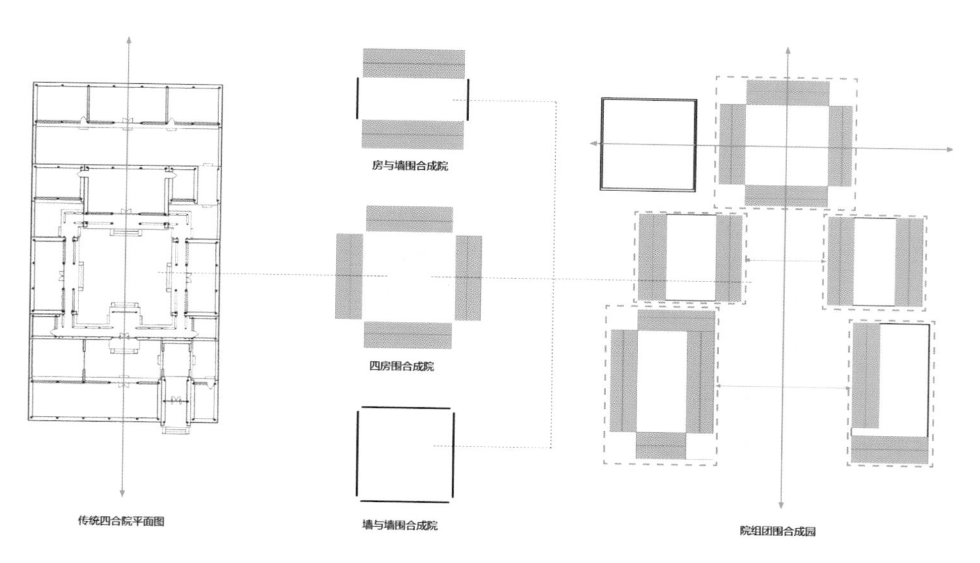

∧ 院落提炼与空间重构

∧ 建筑屋顶形制

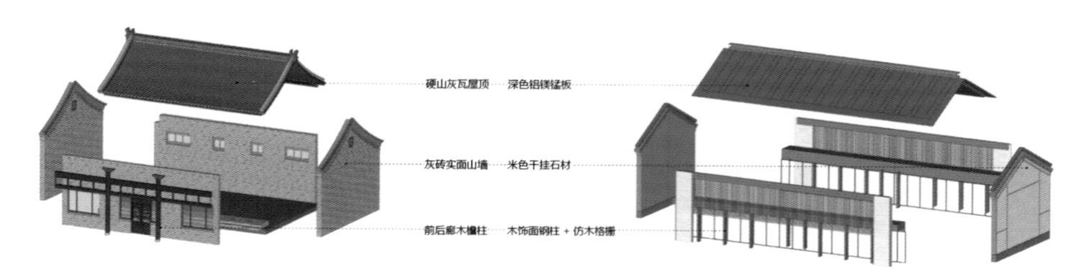

∧ 威海国医院建构形式

（2）单体形制

单体建筑设计沿袭了传统北方官式建筑的基本形制，屋顶为双坡顶硬山搭配少量歇山，并以现代铝镁锰板材料代替传统灰瓦，立面则突出强调竖向线条，粉墙、瘦窗与金属格栅交替出现，钢木结合构件、耐候性石材配合特殊构造形式，将二层高的体量“削瘦”，以更为洗练的当代建筑语汇对传统建筑作出了还原。

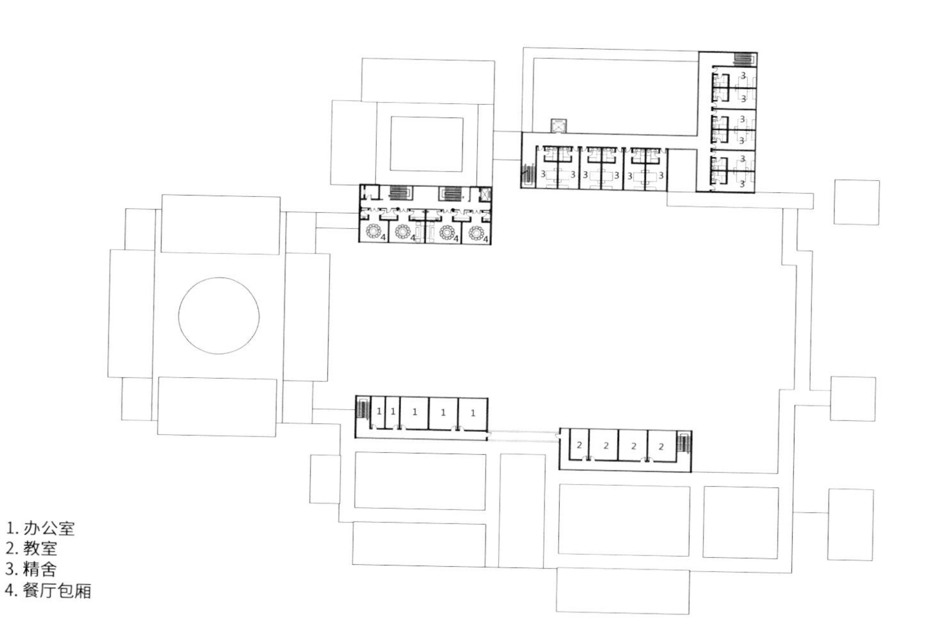

∧ 二层平面图

∧ 主庭院纵剖面图

∧ 入口由白色、浅灰色石材与灰色铝材院墙构成

（3）空间序列

入口建筑主出入口以白色、浅灰色石材与灰色铝材院墙构成外立面。人流经由两侧回廊组织，在实现人车分流的同时，四壁以绿植、影壁形成空间转换的视觉对景。

一进院：三面围墙围合出建筑西南角主入口庭院，同时完成了由城市尺度至建筑尺度的轴线转折。南北中轴对称的主入口、过廊、简洁的镜面水景均渲染出洁净素雅的气质，这与威海国医院的功能定位形成自然的匹配。主入口西侧则以小方院、檐廊、漏窗和照壁构成了略显低调的次入口。

∧ 一进院内景观

∧ 一进院内的镜面水景气质素雅而洁净

∧ 一进院内的过廊

∧ 天晴时第二进的方形四合院

∧ 天阴时第二进的方形四合院

∧ 连廊的圆形窗形成“框景”

∧ 三进院内以水景为核心的水院

∧ 三进院内景观

二进院：第二进的方形四合院四周檐廊为圆形，空间氛围较前一进院落有所收束，圆形的天井和四方的庭院交相辉映，既对立又互补，同时体现了传统文化中“天圆地方、天人合一”的哲学思想。庭院中根据雨季旱季的不同气候自然形成多种景观形式，传达出温润和寂寥的不同气质。

三进院：第三进院较前两进院更为开阔，由三个院落组团三边围合形成，开敞的一面向黑松林景观以及后园打开，自西向东先收后放，形成以草坪为中心的坪庭，以及以水景为核心的水院两部分。

∧ 以现代语汇还原传统建筑

（4）园林造景

新中式建筑并不是传统符号的简单堆砌，而是通过对传统文化的发掘，将现代元素与传统元素有机结合，让传统建筑意象在现代社会得到恰当表现。威海国医院多处采用了传统园林的“借景”手法，并通过庭院两侧步道及连廊的圆形窗形成“框景”，将周边黑松林景观收入其中。骑楼、灰空间和小庭院延续了中心主庭园景观，尝试给予访客移步换景的空间感受。

在茫茫黑松林中，低层的中式院落式建筑组群消隐其间。传统院落、当代材料、创新构造的结合，既是对传统建筑结构尺度的一种继承，同时也是对传统建筑风貌的再现。

∧ 素雅洁净的檐廊

∧ 框景将周边黑松林景观收入其中

∧ 中式院落的场所体验

∧ 位于伦敦市中心的美琪癌症中心

Maggie's Centre at St Barts Hospital

谱写生命气息的建筑

——圣・巴特医院美琪癌症中心

项目名称： 圣・巴特医院美琪癌症中心
项目地点： 英国伦敦
建筑面积： 607m²
竣工时间： 2014年10月
设计团队： 斯蒂文・霍尔建筑师事务所
项目摄影： 伊旺・班（Iwan Baan），斯蒂文・霍尔建筑师事务所（Steven Holl Architects），斯蒂文・霍尔（Steven Holl）

项目概述

该美琪癌症中心位于英国伦敦市中心，由美国当代建筑设计大师斯蒂文・霍尔（Steven Holl）操刀设计，是一个服务于癌症患者的社会和情感支持中心。建筑毗邻圣・巴特医院。这个医院是伦敦最

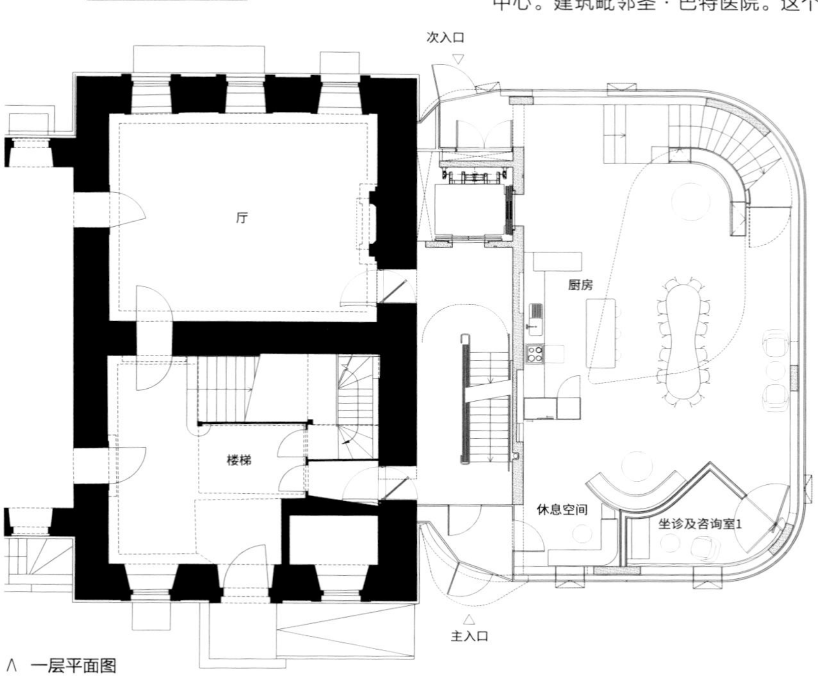

∧ 一层平面图

∧ 建筑的立面是斑斓的纽姆音符色彩碎片

∧ 建筑周边环境

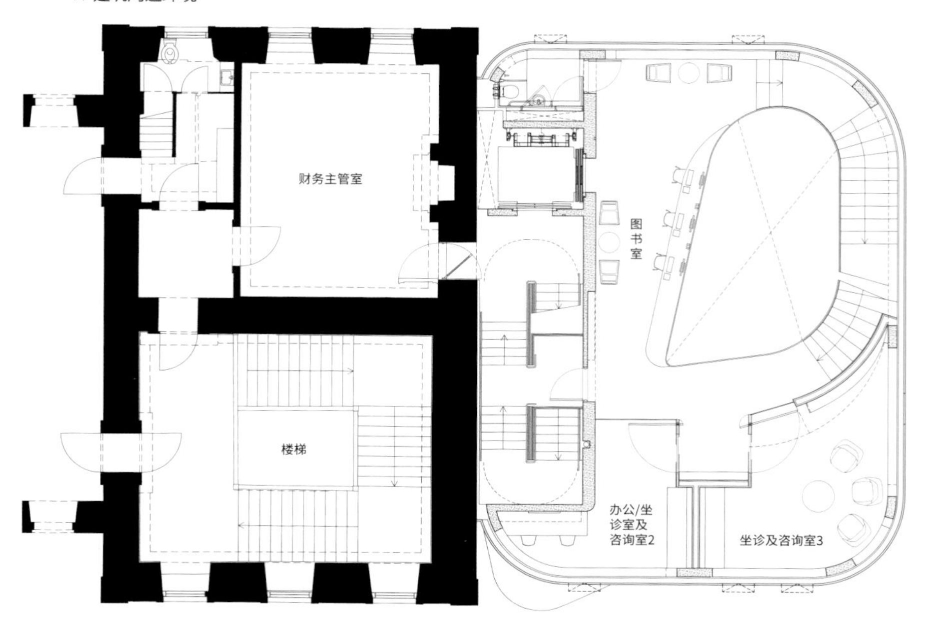

∧ 二层平面图

∧ 项目模型图

∧ 项目与周边的石结构建筑

古老的医院，与圣·巴特大教堂同时建立，建立的初衷是为了“保障贫苦人的健康”。深厚的历史背景与伦敦中世纪文化紧密相连，塑造了周边环境的独特性。

与大多数平层的美琪癌症中心不同，位于圣·巴特的美琪癌症中心是一个垂直化的体量，矗立在这个极具历史气息的建筑群内，与伦敦影响力最大的建筑师之一詹姆斯·吉布斯（James Gibbs）于17世纪设计建立的石结构大厦和著名的霍加斯（Hogarth）故居毗邻。

局部介绍

（1）外立面设计

建筑的形式被设想成“船里面有船，里面的船里面还有船”。建筑是层层嵌套的，像手

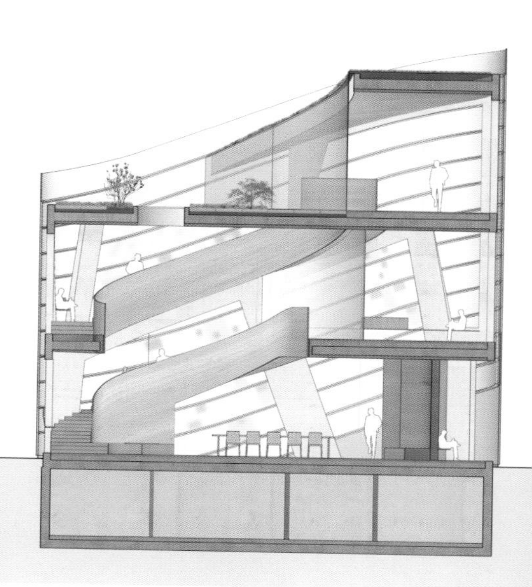

∧ 剖面图

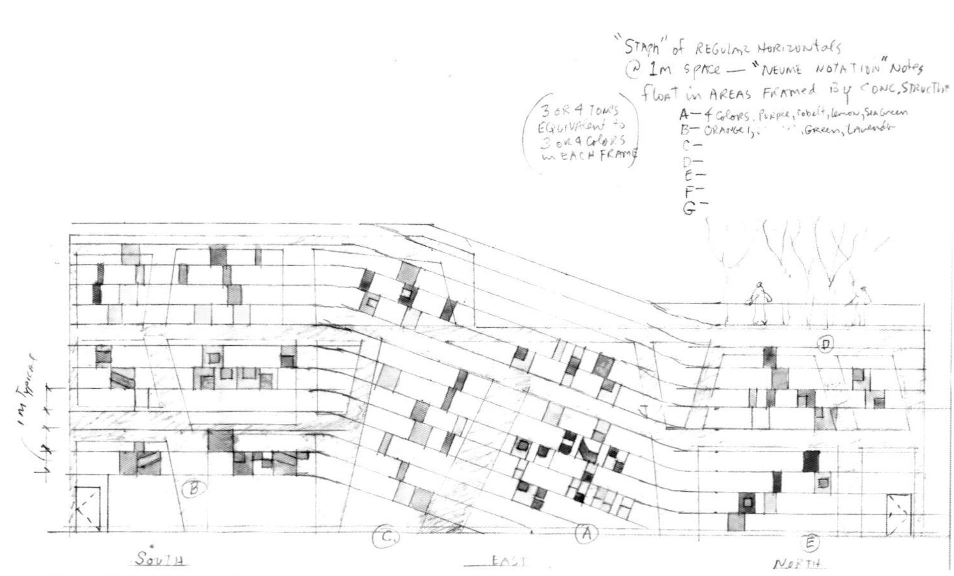

∧ 建筑师手绘的建筑正立面水彩画

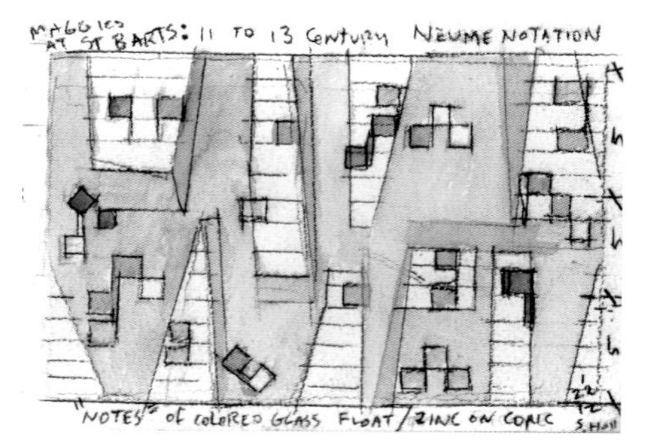

∧ 建筑师手绘，体现出混凝土和建筑表皮表达的关系

∧ 屋顶玻璃墙、竹材质和混凝土围合的室内空间

∧ 建筑师手绘的室内场景水彩画

∧ 建筑矗立在充满历史气息的环境中

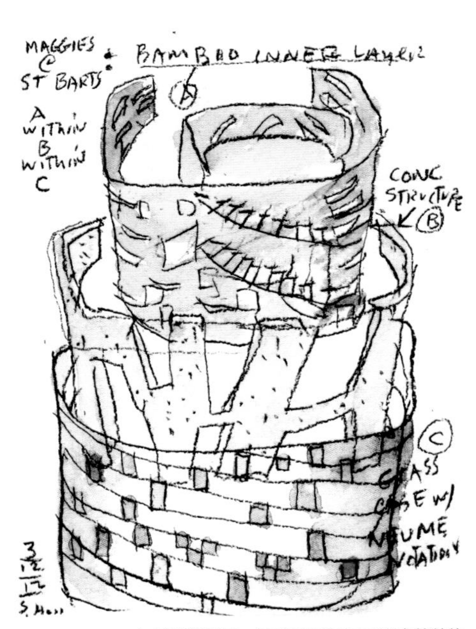

∧ 建筑师手绘，表达建筑是层层嵌套的结构

指一样分支化的混凝土框架承担了建筑结构，外层是镶嵌了“纽姆音符”形状的色彩碎片的白色毛玻璃外墙，内层是竹材质。

几何形状的玻璃幕墙由90cm宽的水平条纹组成，像乐谱一样沿着立面流动，同时面向主广场的透明玻璃升起，成为标志性的主入口。西面开放空间设置了建筑的第二个入口，通向邻近教堂的花园。

建筑的玻璃外立面像音乐线谱一样水平展开，镶嵌着斑斓的纽姆音符色彩碎片。“纽姆”（neume）音符是中世纪的音乐符号，“纽姆”一词源自希腊语“pnevma”，意为“充满生命的气息”。这些色彩斑斓的碎片预示着生命力，有着鼓舞人心的力量。

（2）室内设计

内部的混凝土框架像人的手指从手掌上延伸一样，承担起建筑结构，包裹住整个建筑空间。三层中心有一个开放的弧形楼梯，与混凝土框架融为一

∧ 建筑室内实景

体，而混凝土框架和开放空间在垂直方向上又与竹材质融为一体。

建筑师在光线、色彩和建筑的相互关系上有着独到的见解，光线在建筑师的手里可以释放出非凡的魅力。在磨砂玻璃和色彩的加持下，光在室内呈现出令人惊叹的美丽和如交响乐般丰富的层次。

（3）屋顶花园

建筑屋顶花园是开放的，一侧用来进行瑜伽、太极或者举行会议等活动。室外屋顶花园与室内空间以玻璃幕墙分隔，另一侧是嵌着色彩碎片的相似的半透明磨砂玻璃，建筑内部空间沐浴在色彩多样的光线之中，散发出全新的、欢乐的、闪耀的光芒。

∧ 三楼中心的开放弧形楼梯

∧ 室内光的诠释

∧ 开放的屋顶花园

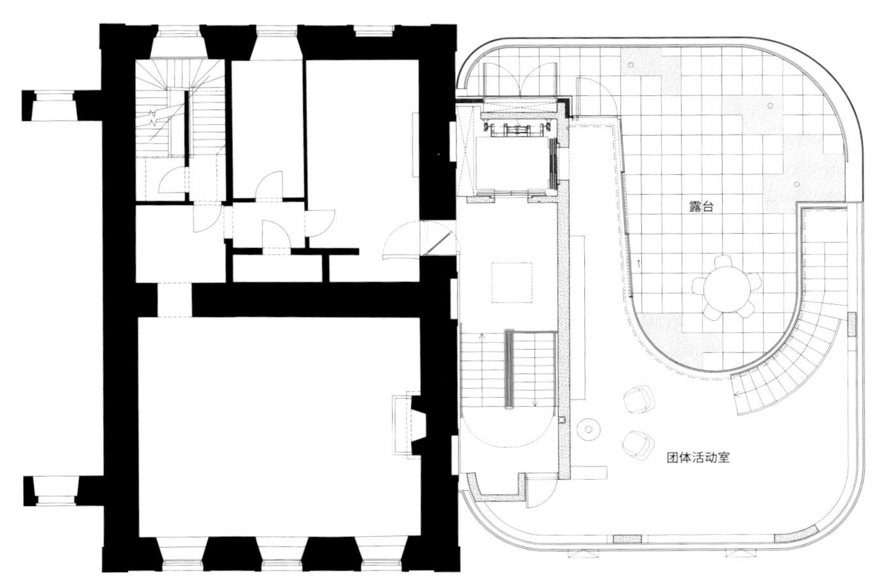

∧ 三层平面图

Chapter 5 第五章

Combination of Medical Care and Nursing

医养结合

老年人健康之路的“最后一公里”

医养结合下的建筑与建筑所营造出的环境，意味着在这里便不会冰冷，它会成为长者既“轻松”又安全的港湾。环境与自然的把握、灯光与色彩的调配一定是“医”中疗养的良药，居住单元、护理单元、护理组团间的适老化设计以及医护人员、病患、家属等各人流之间的流线关系便是其专业性的保障。

无微不至的适老化细部设计可以说是医养结合建筑中的常规操作，但对于老年人的健康生活，进行的建筑及室内设计还将有更多的细节及巧思。在本章节板块中，我们将探讨不同人生阶段下不同身体状况的老年人的医养护理结合形式，其中包含但不局限于对建筑造型的创意、室内布局的灵活性、共享空间的多用途性、老年活动空间的多样处理等，以及更多的医养结合条件下的设计思路。以医养结合、持续照护，把生活照料与康复关怀融为一体，是守护老年人健康之路的“最后一公里”。

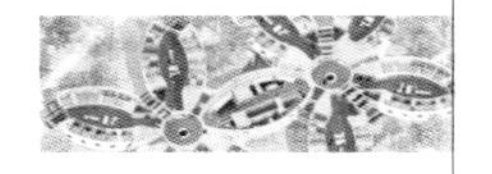

∧ 樱花之家疗养院轴测图1

Sakura Home
如雪如花的养老建筑
——樱花之家

项目名称： 樱花之家
项目地点： 日本青森县
建筑面积： 1.5万m²
竣工时间： 2020年
设计团队： waiwai建筑事务所
和白河直之工作室

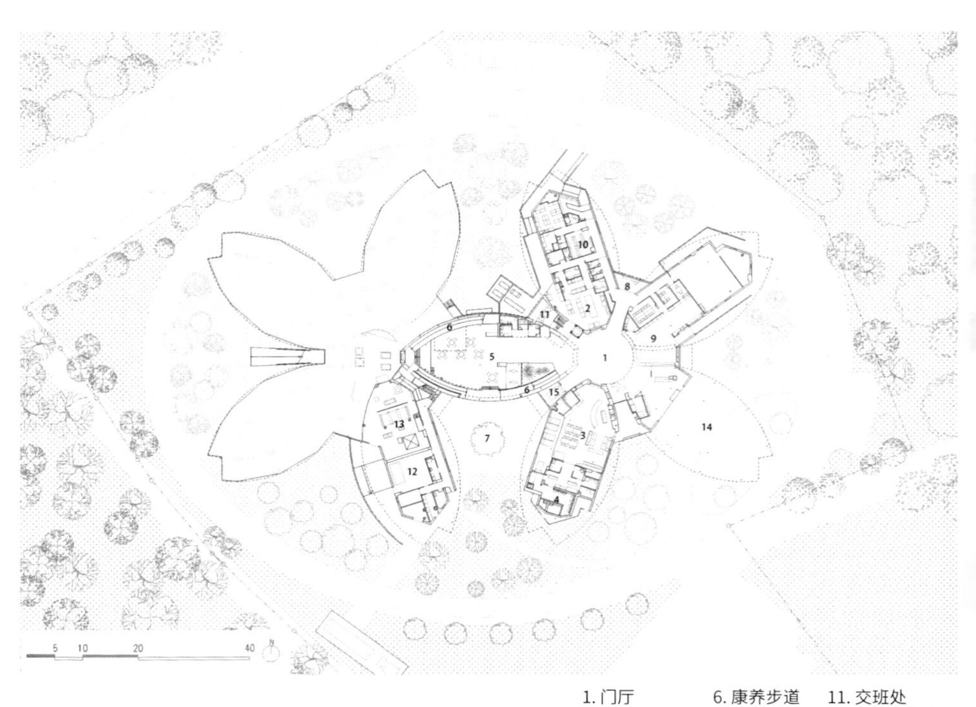

1. 门厅
2. 厨房
3. 日间护理
4. 浴室
5. 多功能厅
6. 康养步道
7. 广场
8. 美容院
9. 办公室
10. 储藏室
11. 交班处
12. 原料储备室
13. 机房
14. 出租车停车处
15. 电梯

∧ 樱花之家疗养院首层平面图

∧ 雪中的樱花之家疗养院：俯瞰樱花形体及立面细节

∧ 雪中建筑

∧ 夜景中的樱花之家疗养院

项目概述

在日本主岛北部边缘的青森县，有一家拥有着浪漫名字的疗养院，它的名字是“樱花之家”。这是一个40年前建造的多卧室养老院的翻新工程。虽然日本人口老龄化问题争议颇多，但在日本，养老问题确实是靠公共资源解决的。该项目的设计旨在将室外自然景观与室内环境完美结合，因此，设计团队考虑了冬季的大雪和周边居民赖以生存的林地，让项目整体环境呈现“昨日雪如花，今日花如雪”的城市美景。

局部介绍

（1）建筑功能分区

建筑平面呈花形放射状布局，建筑二层为主局部三层，一层以办公及功能空间为主，卧室多分布于二层。

在疗养院，白天一名工作人员负责一个单元的10位老人，晚上一名工作人员负责两个单元的20位老人。每两个护理单元连接一个护理站，使每个护理站都能及时有效地对20名老年人做出反应，并考虑疗养院工作人员的使用需求。同时，为了让每一位老人都能体验到个性化的生活仪式感，一楼的房间与基地周边的自然环境充分融合，让居民可以自由地享受到森林树木和冬雪。因此，一个类似于五瓣花瓣的平面径向布局被制作出来，可以作为对日本本土花卉樱花的回应，也可以作为设施的名称。

雪景中的樱花之家疗养院洁白无瑕，犹如两片飘落在地上的雪花，又如富士山下盛开的樱花。建筑整体底层架空，给人一种轻盈通透之感，好像建筑悬浮于空中。

樱花之家疗养院的夜景又是一道亮丽的风景。温暖的灯光将建筑的边界感清晰地表现出来，室内的明亮温和与室外的阴暗寒冷形成鲜明的对比。

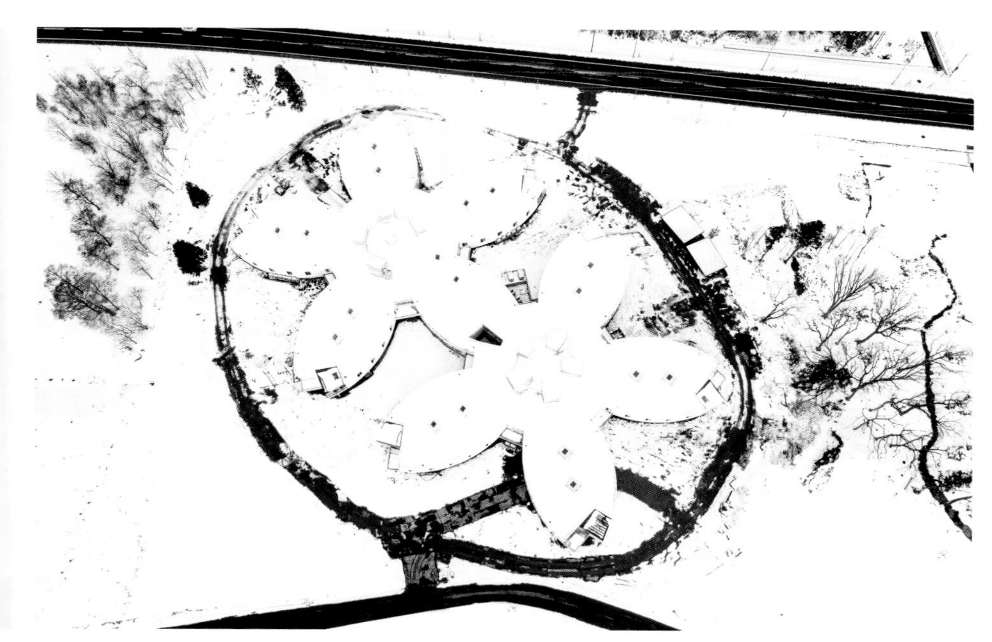

^ 雪中的樱花之家疗养院

^ 樱花之家疗养院轴测图2

∧ 雪中的樱花之家疗养院：侧瞰樱花形体

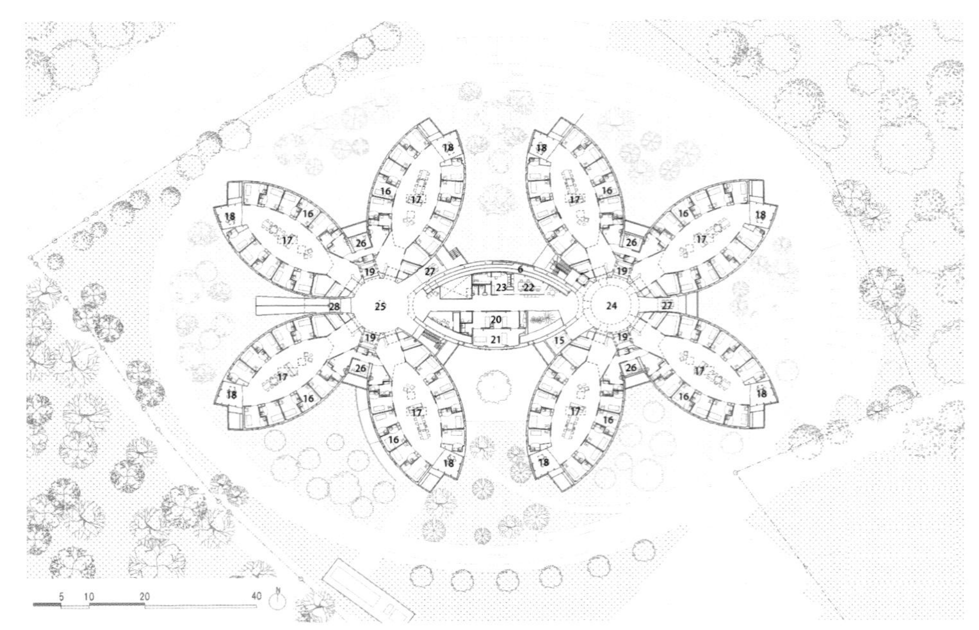

16. 雅间
17. 公共生活空间
18. 日光室
19. 护理站
20. 更衣室
21. 机械浴室
22. 护理人员办公室
23. 医务室
24. 东厅
25. 西厅
26. 浴室
27. 会议室
28. 入口

∧ 樱花之家疗养院二层平面图

∧ 樱花之家疗养院南立面图

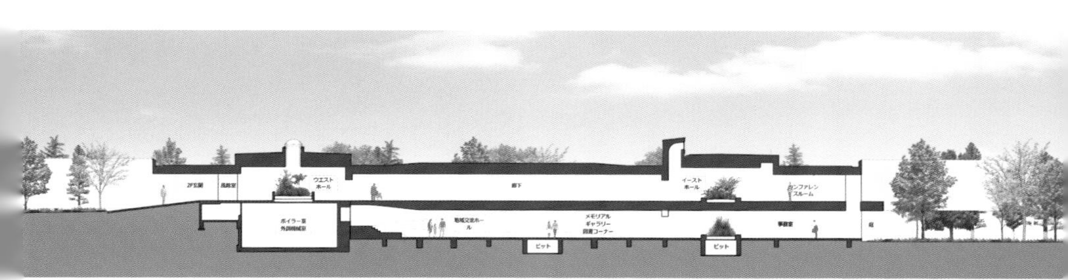

∧ 樱花之家疗养院剖立面图

∧ 中庭展示

∧ 樱花之家疗养院眺望台设计

∧ 室内局部设计图1

∧ 室内局部设计图2

∧ 内外空间连接图

∧ 室内局部空间图

(2) 室内设计

建筑室内设计以简单的色调为主，白色的墙面营造出安静祥和的氛围，原木色的装饰又表达出温暖与亲和的感觉。

该项目采用手指状的放射式布局，不仅提高了疗养院职工的空间舒适度，也让他们能够以更加有效和实用的方式来照顾老人。总而言之，最终的疗养院不仅实现了与自然的紧密联系，还满足了各种功能上的需求。

∧ 室内局部设计图：窗与光的关系1

∧ 疗养院餐厅效果图

∧ 室内局部空间图

∧ 室内局部设计图：窗与光的关系2

∧ 疗养院餐厅图

∧ 南宁华润五象悦年华健康生活馆

Nanning Resources Wu xiang yue nian hua Healthy Life Museum

社区“会客厅”，城市养老新生态

——南宁华润五象悦年华健康生活馆

项目名称： 南宁华润五象悦年华健康生活馆

项目地点： 中国广西南宁

建筑面积： 3464m²

竣工时间： 2019年

设计团队： 深圳市朗联设计顾问有限公司（以下简称“朗联设计”）

项目摄影： 雷天鸣

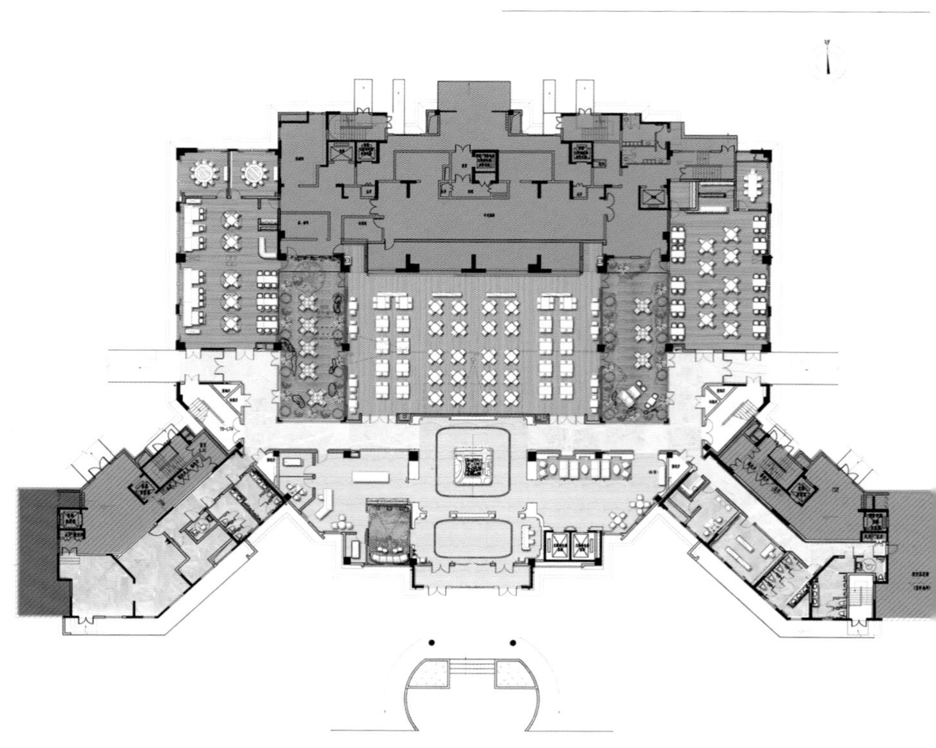

∧ 一层平面图

∧ 典雅的暖色调布艺家具

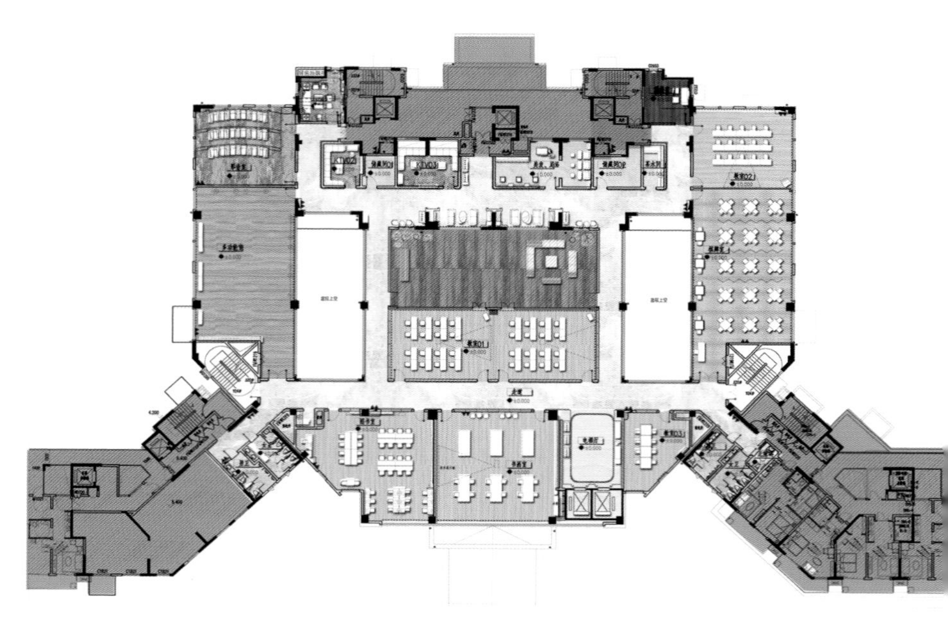

∧ 二层平面

项目概述

南宁华润悦年华健康生活馆，是南宁市唯一建于城市中心的高端康养综合体项目，涵盖滨湖精品住宅、颐养社区、健康生活馆和高端康复医院等板块，从“医食住行乐”五大维度关怀适老家庭，打造了南宁首个集“住养医”三位一体的滨湖全龄社区。

健康生活馆在功能上尽可能探索如何无障碍、适老化、精细化配置，同时强调基于理性创造、人情化关怀、人性关照的综合尺度，提出创新性策略并创造性地解决问题，构建出城市养老新生态下的社区“会客厅”，真正实现老有所依。

该项目在设计上，从老年人的身体机能状况、精神文化需求、社交兴趣互动等研究着手，探索多元的功能空间形式，通过场景片段的建构、现代化的营造，勾勒出舒适、宜居的生活空间，使人与空间、自然共融共生。

局部介绍

（1）设计图纸

空间整体设计在材质上考虑老人的便利，设
上遵循老人的偏好，以平整防滑的大理石、朴拙
致的木艺，融注清简的气质，点缀以亲切柔和的
白色调，在自然纹路、人文肌理的铺叙下，唤醒
间的暖意。同时，考虑到轮椅的通行，设计在不
功能空间的过渡之处，以宽阔的过道尺度关怀人
需求，做到细节处适老、贴心。

（2）室内设计

建筑室内局部空间考虑适老化设计，前台
高度，立面采用暗色以及暖色，灯光采用柔光，
以及装饰物品均考虑到老人的需求与喜好，整
简单而又精细。

洽谈区整体色调朴素典雅，柔和的原木色搭

Λ 入口接待大厅1

Λ 入口接待大厅2

∧ 洽谈区1

∧ 洽谈区2

以古朴木艺与通透的材质围合出静雅有序的洽谈场域。与此同时，宽阔的走廊，以及素色的隔挡营造一种安静祥和的氛围。

设计透过艺术语汇诠释材质、色泽、几何形制等调性，营造对话与碰撞，泼墨山水画则自成一格，在朦胧灯影下意境悠然，赋予空间人文艺术的温度与创新格调。

∧ 洽谈区3

∧ 中餐厅1

∧ 中餐厅2

∧ 西餐厅

∧ 疗养院餐厅效果图

∧ 阅览区

∧ 活动室

∧ 书画室

餐厅的座椅间距充分考虑轮椅的转弯半径，实现尺寸上的适老化需求。中餐厅的座椅以新中式风格与餐厅氛围搭配，使用餐更富体验感。

餐厅是该项目中至关重要的功能区之一，设计上细分为自助餐厅、零点餐厅、西餐厅等不同场域，可同时容纳300余人，满足老人不同的用餐需求与体验。同时，在用餐时间之外，面积广阔、座次充足的餐厅，作为多功能室存在，让人们拥有更充裕的空间开展社交、兴趣活动，实现尺寸适老化、功能适老化、情感适老化。

在家具的用料上选取了质感柔和的橡木、易于快速打理的医用级生态皮革及三防面料，沙发座椅内部填充海绵软硬适中，便于起身；沙发座椅脚垫选用了静音、耐磨、便于家具挪动的毛毡材质；形

∧ “四点半”学堂

∧ 理疗室1

∧ 理疗室2

制上，家具边角使用圆角处理，桌台为四点支撑结构，沙发座椅坐面深度得当且选用带扶手的款式，满足安全的同时，为老人起身助力提供了便利。

考虑到老人的精神文化需求，设计中规划出供老人们参与老年大学课程、活动的教室空间，平时通过可拉伸的隔断门，分为两个小教室，必要时则合为一个可容纳32人的大教室。最后一排座位与教学屏幕的距离合理，关照老人的视力水平，严谨有度。

“四点半”学堂的家具，一半是木艺暖黄调，一半是简雅莹白调，交相融合，营造出静谧自由的场域。儿童单椅形体上虽统一于空间的其他单椅，但在前端腿部增加了放脚的横撑，满足了儿童群体的使用。座位间的隔挡，让每个人沉浸在书籍读物的知识海洋中，精神亦徜徉在淡雅安然的空间气韵里。

∧ 棋牌室

∧ 配有扶手与座椅的人性化走廊

∧ 明亮的廊道与柔和的材质搭配

∧ 走廊

棋牌活动室的单椅，选择了较深的蓝灰色系，为了缓解突发事件的尴尬，坐垫布套采用了能快速拆洗、更换的缝制做法。在这里，老人们或笔走龙蛇，或挥毫泼墨，或因兴趣，抑或是专业，重要的是他们在练习、创作中，修身养性，亦不断恢复、重塑个人的价值感与自信心，享受身心的愉悦。

设计师强调关注老年人对公共空间的体验感、安心感、愉悦感、满足感，在配套设施上重现他们社交活动的范围。在这个极具归属感与参与性的创新型“社区会客厅”里，他们可以与孙辈玩耍，与老朋友一起唱歌、下棋、看电影，或与新朋友一起上花艺课、做手工、学舞蹈……丰富多元的功能业态，赋予老人更多社交可能性和价值感，充盈其物质与精神享受，注入新的活力。

∧ 走廊

∧ 儿童活动室

∧ 庭院一角

∧ 庭院

健康生活馆的设计核心在于，功能性地规划如何适应老人在身体、心理与精神上的变化，细节上如何呈现关怀与贴心，适老而尊老。一贯坚持“格物至善、持之以新”理念的朗联设计，在这个3464m²的健康生活馆中，以细致的洞察、理性的策略、温情的关怀，描摹出一个精细化、共融共生的社区会客厅，让人身心舒惬，悦享年华。

（3）适老化细节设计

该项目在设计上依循适老性、舒适性原则，关怀不同老人的身体机能以及行为需求：走廊上不间断的扶手，供步行不便的人们行动时抓、扶与支撑，同时扶手所对应的灯光设置，巧妙而温和地照亮一隅；长廊上特别设置的休息座区，细心照顾步行疲累的人们，圆融弧度的布艺沙发、木艺座椅、大理石案几，优化安全性，同时深色调布艺椅垫亦有防污、易清洁的作用；充足的开敞空间与绿化，引入自然景观，让人视觉上感受与四季、树木、花草的联结，予人清新、有活力的心境体验。设计师从家具的用料、形制、使用安全等维度去思考，家具如何满足老人的使用需求和生活习惯。

∧ 电梯轿厢

∧ 冥想室

∧ 南湾老年人日间照料中心活动室

Nanwan Day Care Center for the Elderly
细节至上的日间照料中心
——南湾老年人日间照料中心

项目名称： 南湾老年人日间照料中心
项目地点： 中国深圳
建筑面积： 500m²
竣工时间： 2015年
设计团队： 郝国良设计事务所

项目概述

深圳市南湾老年人日间照料中心是龙岗区第一家老年人日间照料中心，为社区老人提供居家、医疗、介护、预防、生活支援等全方位一体服务。照料中心面积虽小，但功能配备齐全，配有活动室、会客室、医疗服务室、理发室、助浴室、特护房、服务站、机能训练室等，可以为老人提供日间照料、短期住宿、心理疏导、康复理疗、生活服务、文化娱乐等多种服务。

本案在设计上特别考虑了中国老年人的生活习惯和使用特点，在室内设计方面关注各方面的设计细节；在氛围营造方面打造中国重视的家庭感；在空间方面使用原木色和乳胶漆，避免烦琐浮夸的装饰；在色调方面使用老年人喜欢的柔和色调，以及考虑到老年人心理，强调了色彩的安静祥和。

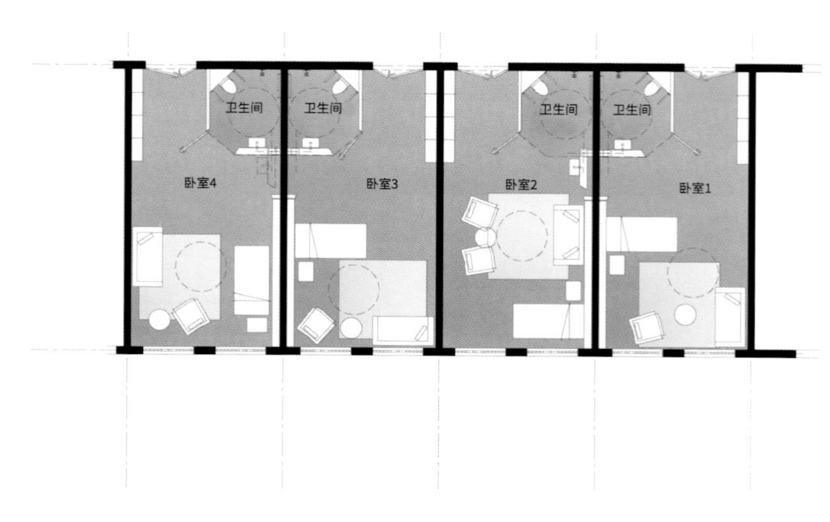

∧ 养老项目标准单位平面图

∧ 会客室

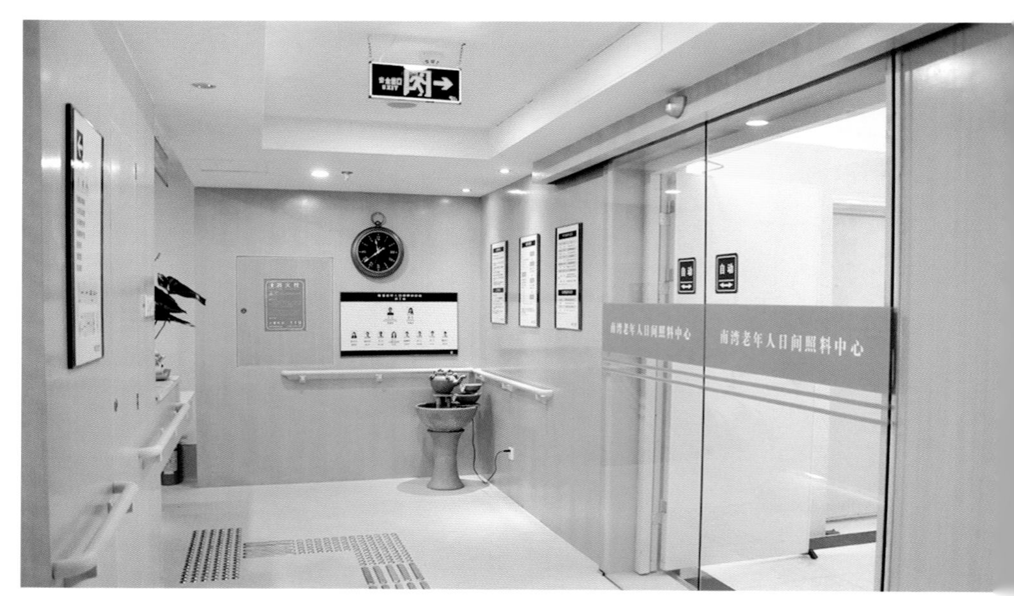

∧ 入口门厅

∧ 前台

∧ 入口

局部介绍

（1）随处体现的适老化设计

该项目细节处处体现了照料中心的空间、设施等的适老性设计。如在入口通道处，从出电梯起就设置了盲道，以照顾特殊老人；铺装超防滑石塑地砖；在走廊和拐角处设置人性化的35mm圆形水平扶手。很多老年人由于身体原因经常会跌倒受伤，因此室内设计中这些防滑防摔的设施很重要。进户门净宽1600mm，便于担架床、轮椅进出，进户门

∧ 餐客厅活动室

两侧均预留400mm开门空间，便于坐轮椅的老人开门。

会客室是老人们社交的主要场所，供老人们在此处聊天、阅读、休闲娱乐等。因此设计迎合了老年人的生理能力和心理需求，打造了一个温馨的交流区，促进老人的交流互动。沙发茶几之间预留除了轮椅之外的通行尺度，方便坐轮椅的老人进出。其他室内设计也体现了适老化：沙发加强坐垫硬度，增加扶手高度，方便老年人起身；扶手设计内凹口，方便老年人的拐杖存放；沙发背后墙面设置紧急拉线报警按钮；家具阳角进行倒边角处理，墙面阳角使用阳角护套，降低老年人摔倒碰伤的风险。

餐客厅活动室依然延续了适老化考量。设计中引入开放的公共区域，设置开放厨房，预留轮椅可360°通过的通道，构造柱作为支撑，被巧妙地打造为收纳空间。餐区的桌椅布置也十分灵活，老人们性格不同，所需的就餐环境也不同，为了兼顾不同需求，引导大家融入集体，既有可边就餐边聊天的空间，又有可安静独享的空间。

厨房的高度也根据老人的身高重新定义，地柜高780mm，是最适合中国南方老年人的高度。其中地柜台高160mm，下留620mm净空间，方便坐轮椅的老人操作。同时操作台面有翻边设计处理，可以阻挡水流到地面，降低老人摔倒的风险。

在卫生间的设计考虑上，首先是洗漱台，洗漱台下方要确保有足够的空间，避免膝盖和脚受到碰撞，同时方便坐轮椅的老人使用。淋浴间无高差，方便轮椅通行。洗漱吊柜上设置了感应灯带，老人进入卫生间时会自动亮起，提高安全系数。马桶边的扶手既给了老人心理上的安全感，又可以让老人在站立时借力，方便其自行如厕。

助浴室铺设了防滑马赛克地砖，使用助浴步入式浴缸，并在浴缸内外设置防滑垫，减少老年人滑

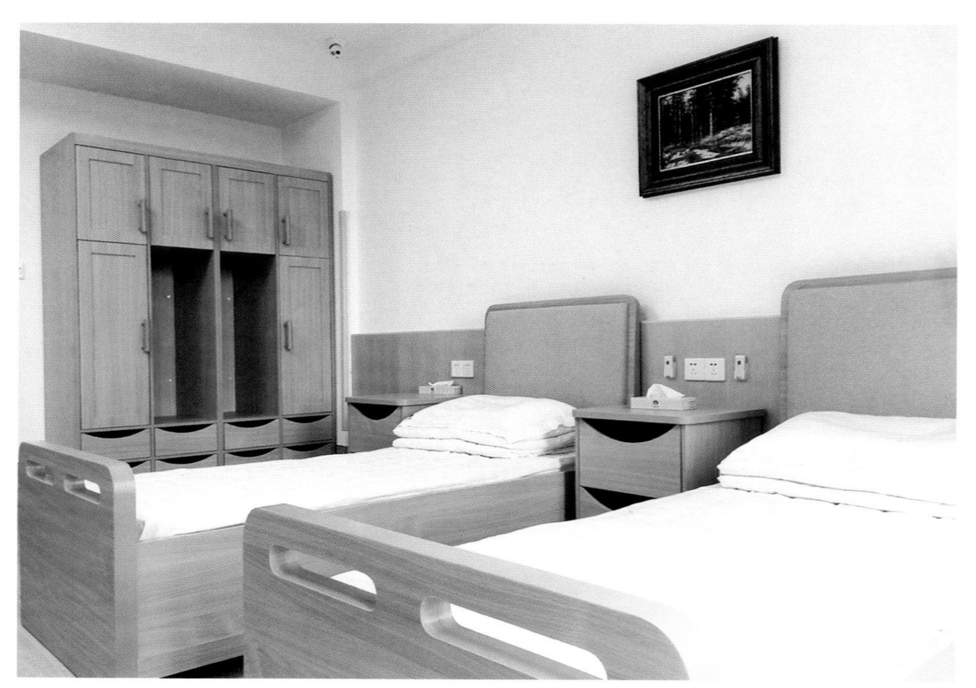

∧ 日间长者房

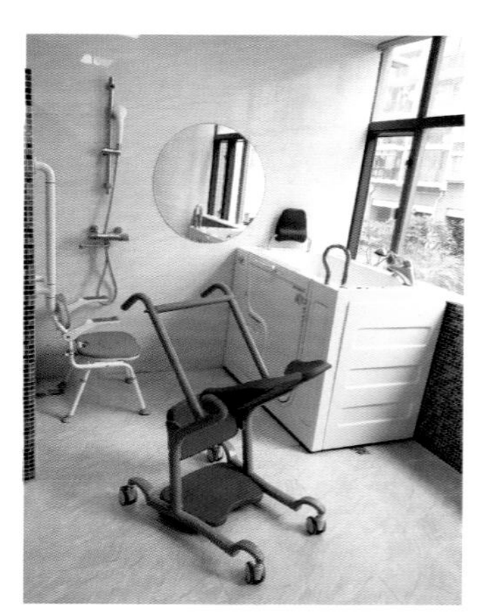

∧ 助浴室

∧ 特护长者房

∧ 理疗长者房

倒风险。淋浴座椅和浴缸内的防滑小凳等可以帮助老人坐浴，墙面上的助浴扶手作用与卫生间内的相同，避免老人坐下难以起身。

老人居室内的家具也根据房间类型有所不同。日间长者房间内的床尾处设置了老人可抓的扶手，方便自理老人起身行走。而特护房间内的床则设有栏杆和滑轮，保证特护老人的安全，方便其及时就医。

∧ 卫生间

（2）老年人的光环境和色彩需求

随着年龄增长，老年人视力会逐渐减弱，我们觉得合适的光，对于老人来说不够亮，老年人需要更亮的光环境。因此本案设计中，空间照明都提高了照度，需要读书看报写字的空间，照度设计为800～1200lx可调挡位（约是年轻人所需的两倍），并运用辅助照明，为老人打造了舒适的光环境。在色彩选择上，考虑到老人的心理和视觉感受，以米色这类柔和的颜色为基调，加上木色和草木绿色，可以使老人感觉到放松，调节心情，打造舒适的照料环境。

∧ LDRP护士站

Heiwa Maternity Hospital Interior Design Practice

灵动、精致，围绕用户体验而设计

——禧华妇产医院室内设计实践

项目名称： 禧华妇产医院

项目地点： 中国苏州

建筑面积： 168,800m²

项目类型： 三级妇产专科医院

设计团队： 优信工程设计（上海）有限公司

获奖荣誉： 第四届中国十佳医院室内设计方案
2023美国缪斯室内设计金奖

∧ 咖啡吧

∧ 门诊大厅

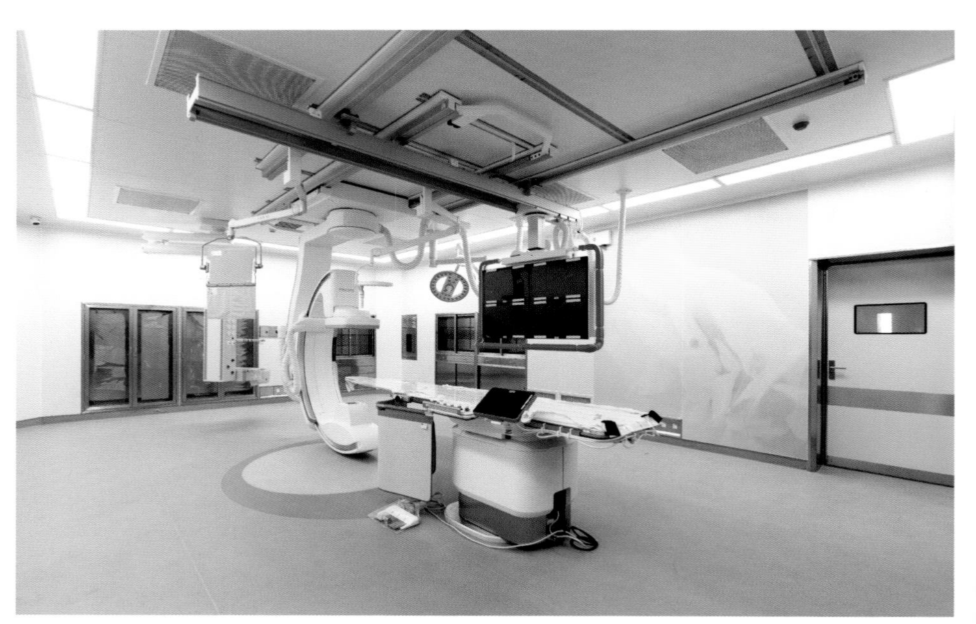

∧ 手术室

∧ 儿科1

∧ 亲子餐厅

中国经济的繁荣和人们生活水平的提高给医疗建筑和空间设计带来了机遇和挑战，以公立医院为主体的医疗服务模式逐步向多元化发展，人们越来越注重就医流程的综合体验和幸福感。

苏州禧华妇产医院位于苏州工业园区主轴中心区域东部，是香港九龙集团旗下的一家港资医院。医院占地2.8万m^2，建筑总面积近16.9万m^2，核定医疗床位600张，设有妇科、产科、妇儿保健、新生儿科、生殖医学、医学美容等六大科群和产后康复中心，并开设内科、外科、急诊科、麻醉科、重症监护病房、新生儿重症监护病房等配套科室。依托国内外技术优势和服务理念，按照三级甲等妇产专科医院标准，遵循“国际品质、贴心关怀”理念，提供全面遵循国际标准和可信赖的医疗服务，从健康管理、门诊服务、孕产服务、手术及住院治疗，带来“以家庭为中心”的长期持续关怀，满足人生各阶段医疗需求。

用户体验是设计的重点。综合考虑患者、家属、医护、员工、访客的个人体验，设计良好高品质的内部空间环境，促进人与人之间的积极互动。

温暖疗愈的色彩与主题

色彩是人类认知感官中最为敏感的信息元素之一，禧华妇产医院给人印象最为深刻的地方之一就是色彩。现代医疗空间的配色方式越来越多元，日趋人性化的配色会对人的生理、心理产生潜移默化的效果，对患者的康复有正向的辅助作用。色彩中渗透着一种治愈的，能够舒缓情绪、传递温柔的力量，禧华妇产医院室内设计将介于莫兰迪和马卡龙两种色系之间的配色灵活融入室内设计，营造自然温馨柔美的疗愈环境。

“莫兰迪色”和“马卡龙色”这两种风靡全球的高级色系，一种高级平静，一种可爱活泼，有着各自特别的风格，温暖疗愈且时髦的马卡龙色系，

∧ “新生之花”主题灯具及环境

∧ 儿科

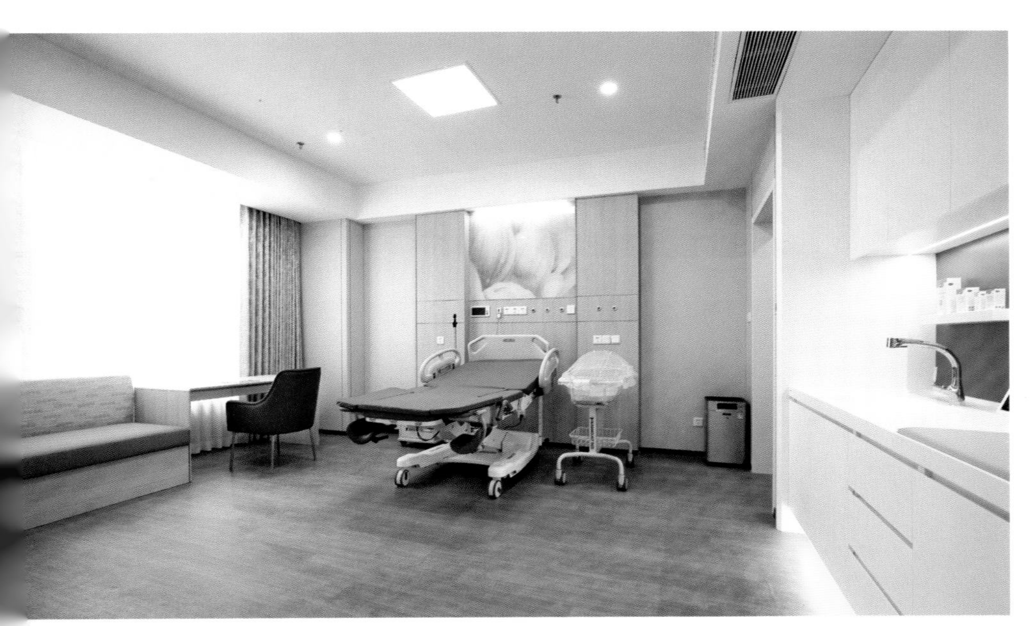

∧ LDRP一体化产房

色调柔和，明度高，纯度适中，看到它就会一扫阴霾，心情大好；莫兰迪色系自带高级滤镜，给人以宁静、舒适、高雅的感觉。

辅以“花”为主题贯穿于医院空间设计中，柔和的曲线和间接照明带来了舒缓精致的环境，俏皮的花卉图案用正能量分散注意力，缓解身心压力。

以“新生之花”为主题创作出积极向上、治愈人心的艺术造型灯具、标识以及环境辅助图形，在视觉上带给患者和医院工作者良好的心理影响，提高环境美感并营造美好寓意。

基于以家庭为中心的服务理念的设计

禧华妇产医院的医疗服务寄希望于打破常规医护和患者的关系，注重沟通和交流，以家庭为中心，在患者治疗和恢复过程中给予支持。在听诊、预处理、常规检查、诊断、开方、宣教等一系列就诊过程中，让患者和家属随时随地处于舒适的就诊环境中，安心地感受周到的服务，使就医过程轻松愉悦。等候空间设置了舒适的沙发座椅，符合人体工学的家具设计充分照顾到孕产人群的生理特点。在诊室的设计里，设计了家属一起就座的沙发，贴心周到，保护隐私。

针对孕产人群，为照顾不同的医疗服务需求，大楼16层设置了两个家庭化分娩区（Labor待产；Delivery分娩；Recovery产后康复；Postpartum产后修养，LDRP），产妇待产、生产、产后休养可以不出房间，方便家属全程陪伴，LDRP内配置一体化产床、洗婴池和婴儿打包台，设计融合功能和美学，让产妇可以安心地生产和休养。

病房采用了家庭化的设计，以明快活泼的色调为基础，运用进口仿布纹医用面料，杜邦聚氟乙烯材料墙布等高档环保耐用材质，双人病房的设计做了大胆的创新，用有收纳和休息陪护功能的卡座隔断围合出具有隐私感的个性化空间，为患者和家属创造更加舒适体贴的环境，双人间提供了单人病房

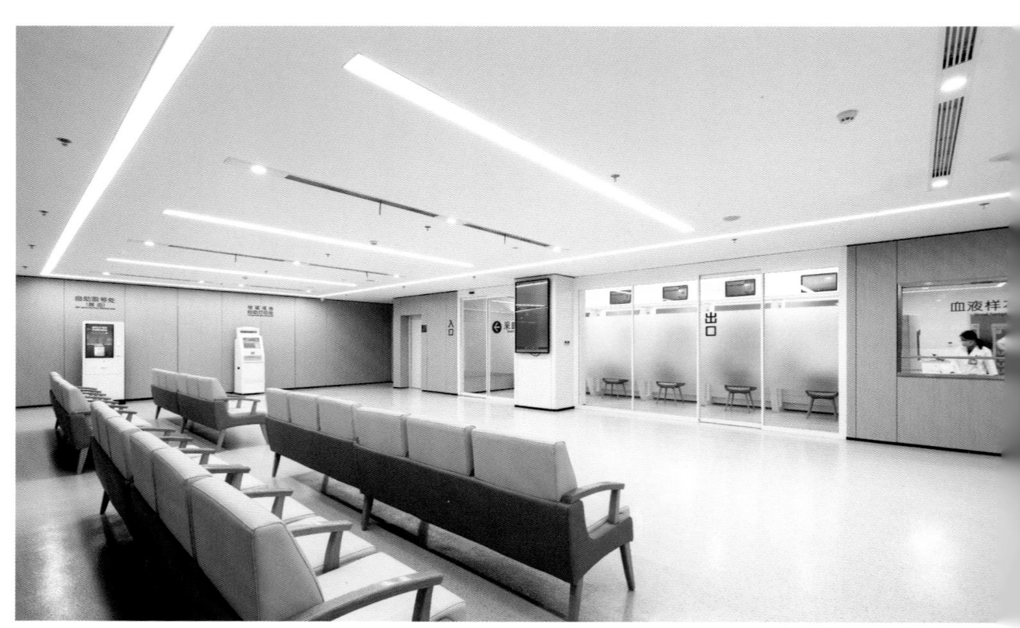

∧ 检验科

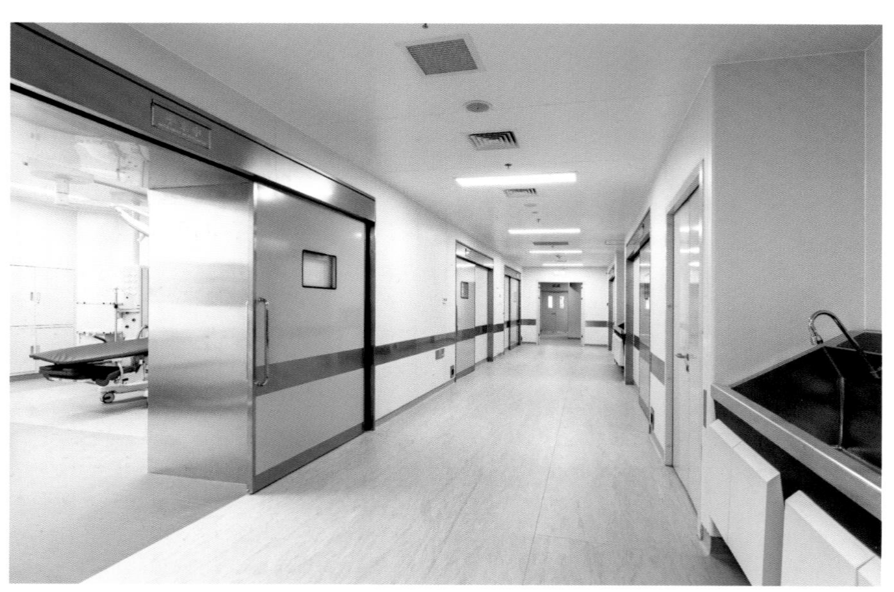

∧ 产房

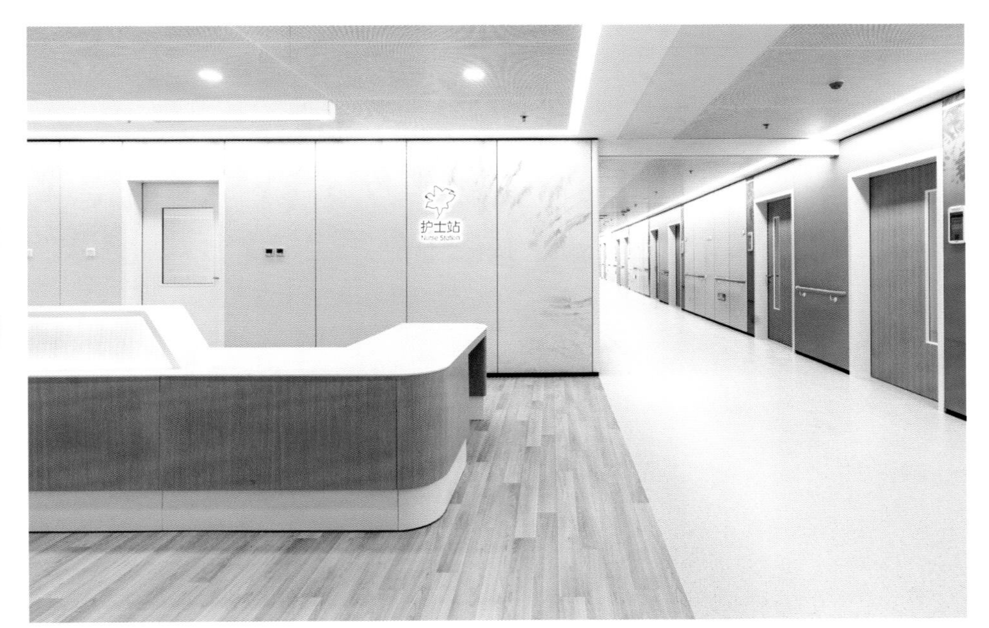

∧ 病区护士站

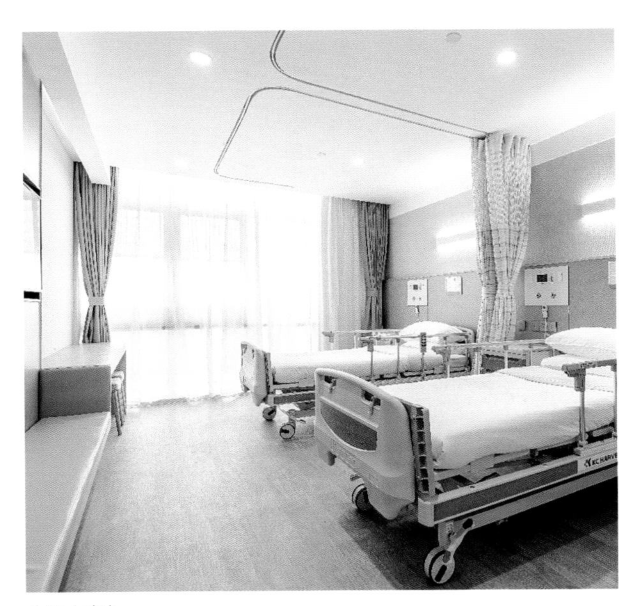

∧ 双人病房

的品质和感受是这次设计的一大亮点。病房突显出简约而精妙的设计元素，同时又与源于自然的精致细节完美结合，从而传递温馨怡人的感受。这些设计特色突出了平静悠闲的氛围，而鲜明的元素则为整体设计注入了与众不同的个性。

超五星的就诊体验

设计过程中，设计团队把院区视作一个整体，致力于通过设计来提升并优化运营效率，同时确保空间的灵活性，以满足未来扩建的需求。标准化和模块化的布局具有灵活性、适用性，并经得起未来考验，装配式内装体系的运用，既缩短了建筑工期，又保证了高品质的施工。

∧ 病区护士站

医院的中心位置为开放的景观花园，连接各医疗部门的医疗街落地玻璃大窗，映入眼帘的是自然绿色的庭院，给人以“芳草春深满绿园”的舒心感受，同时还将自然光引入建筑内部，为医疗街创造敞亮光环境，帮助降低公共空间的照明成本。

简洁的门诊布局及合理的人流动线设计都将帮助病患及家属减轻焦虑和困惑，以便快速便捷地找到方向，让原本紧张、忐忑的情绪豁然轻松。

针对妇幼专科的特点，诊疗服务向两端延伸，重视商业服务的价值，针对产后人群，产后康复中心的设置满足了产妇康复护理的多样化需求，儿科和儿童保健科室也是本次设计的重点，设计充分考虑到不同科室的需要，为每一个科室提供了具有特色的设计方案。以儿科为例，为了分散紧张情绪以便患儿更好地接受治疗，儿科空间中大量采用动物和卡通图案，更有趣味软装家具、互动式装饰、圆润造型灯具等，帮助患儿舒展心情，身心愉悦地完成医疗流程所需的互动。裙楼还专门配套了亲子餐厅，用商业空间设计的手法，给人带来新奇感，体验一个不像医院的医院。

室内一体化设计与高质量品控

社会高速发展，医院项目的快速建造往往会使其精细化程度不够、品质不高。基于港资建设优良建造的基因，在合理的工程造价范围内，做好项目品质把控是禧华妇产医院建设方对设计团队提出的初始要求，设计团队采用了一体化设计的策略，把室内设计、标识系统、家具设计、软装艺术陈设进行了系统深入地精心设计，室内设计还延展到了手术室、重症监护病房、产房、实验室、影像科等专项空间，项目建成后室内环境高度还原了设计效果。该项目的室内设计手法和装饰材料选择体现了多元化的特征，并不局限于医院常规的选材范围，而是结合了商业、办公、酒店等其他空间类型的特点，设计团队与建设方以及参与建设的诸多卓越团队一起，共同打造出一个具备典雅端庄的气质，飘逸、灵动、精致的医院内部空间。

∧ **月子客房**

后记 Afterword

本书是一本全球绿色发展转型的应对之书，亦是写给政府、业主和学生的“零碳”时代的建筑指南，为其提供疗愈康养建筑的布局、流程、功能的新式参考案例。

这些案例从近几年国内外已建成和在建的项目中精选而出，围绕碳中和、疗愈、医养主题，加以整理分析。案例的类型覆盖生命全链条的医疗空间，从新生婴儿的妇产医院、儿童医院，到齿科、美容科，从运动恢复，到精神科、癌症中心、记忆护理、养老院、医养一体，再到生命逝去后的临终关怀，均有收录。

本书的编著者团队主要来自大连理工大学博士生导师周博教授的团队。该团队多年来执着于大健康理念，在医养、康养、康复、疗愈教学、科研以及实践领域卓有成果，积累了丰富的经验。本书的定位、策划、组织、出品均由周博老师团队完成。本书的每个案例授权均由侯立萍和郑亚男两位采编组稿而获得，再由其他几位编著者郑文霞、赵斌、范晴等分工整理分类、撰文解读。

此书在组稿的过程中有幸获得国内外诸多设计单位的供稿，在此特别感谢：扎哈·哈迪德建筑事务所、中信建筑设计研究总院有限公司、睿集设计、优信工程设计（上海）有限公司、拉斐尔·德拉·霍斯建筑师事务所、NBBJ、gmp·冯·格康，玛格及合伙人建筑师事务所、穆氏建筑设计（上海）有限公司、斯蒂文·霍尔建筑师事务所、梅卡诺建筑师事务所、2022年度普利兹克建筑奖获得者迪埃贝多·弗朗西斯·凯雷、Link-Arc建筑事务所、1–1建筑师事务所、LDA.iMdA建筑师事务所、山崎健太郎设计工作室、waiwai建筑事务所、吕元祥建筑师事务所、同济大学建筑设计研究院（集团）有限公司、多棵设计、水相设计、GLA六和设计、朗联设计、郝国良设计事务所、叙品设计……感谢他们的供稿和授权。

亦感谢诸多医疗单位的供稿和个人设计师、学者的支持：

感谢来自北京的美意物理出版屋的孟越等设计师，他们在一年多的时间内锲而不舍地优化本书的每一个页面的图文展示方式。感谢张敏女士和唐莹莹女士为此书的部分外文做了翻译校对。

感谢来自苏州大学的于文婷老师；感谢来自大连理工大学李国鹏老师审稿，以及该校学生娄海峰、宋玉帅、刘佳琦、张敏、鄢磊等同学任编者助理；感谢来自米兰理工大学的齐洋毅同学任海外编辑助理。

图书在版编目（CIP）数据

疗愈康养新空间设计 = Innovative Designs in Therapeutic and Wellness Architecture / 周博等著 . 北京 : 中国建筑工业出版社 , 2025. 4. -- ISBN 978-7-112-30978-8

I. TU246.1

中国国家版本馆 CIP 数据核字第 2025CD1593 号

责任编辑：毋婷娴
责任校对：王　烨

疗愈康养新空间设计
Innovative Designs in Therapeutic and Wellness Architecture
周博　侯立萍　郑文霞　赵斌　范晴　郑亚男　著
李国鹏　主审

*

中国建筑工业出版社出版、发行（北京海淀三里河路9号）
各地新华书店、建筑书店经销
北京方舟正佳图文设计有限公司制版
临西县阅读时光印刷有限公司印刷

*

开本：880 毫米 × 1230 毫米　1/32　印张：9　字数：466 千字
2025 年 3 月第一版　2025 年 3 月第一次印刷
定价：**138.00** 元
ISBN 978-7-112-30978-8
（43994）